最後下班的人先~~離職~~

精神科觀察日記

威廉 著

悅知文化

推薦序

讀威廉的文章，很大一部分像是讀自己的工作寫照。例如他描述當上總編輯的歷程：「升職生效前一天，我跟老闆說，中文寫主編就好，總編輯對我來說太沉重了。」理由很簡單：「好的壞的，只要是網站跟社群平台上的公開內容，都得算在我頭上。」段落最後，威廉的結論是，「比權力更重要的是責任，這點要很清楚。」

今年是我擔任《Cheers雜誌》總編輯的第十一年，如今《Cheers》製作的內容也早從雜誌延伸到數位專輯、多媒體影音與社群經營。看到這段文字，自然格外有感。站在「同行」的角度，若想理解內容產業的酸甜苦辣，從這本書中可以看到極真實乃至於血淋淋的描述，不過，這當然不是我願意推薦本書唯一的原因。

長期在深耕職場議題的媒體工作，我經常碰到讀者問：「如何找到『好』工作？如何『快樂的』工作？」然而，隨著年紀與歷練愈深，我愈發體會到，好工作不是靠運氣用「找」的，能否在其中發光發熱，有很多「操之在己」的成分；另外，比起尋尋覓覓所謂「快樂的」工作，不如學會無論到哪裡，都能「快樂地」工作。

這種本事不是天生就會，也不能仰賴學校老師教，而是在工作中要有敏銳的自覺、反省、思考，與後續相應的成長。從威廉的字裡行間，發現他非常善於從各種人、事中汲取養分，咀嚼之後再反芻。這本書是他一路走來的心得集結，除了參考威廉的經驗，在閱讀同時，一起練習培養跟他一樣敏銳的「天線」，轉而從自己每日的生活與工作中，提煉出屬於自己的點滴，更是我個人對「如何活用本書」的建議。

盧智芳／天下雜誌出版標竿系列總編輯

作者序

失敗感言，其實是最初的書名構想。

工作就像抓週，可以憑著自由意志選擇想要的人生、遇見哪些人、接觸什麼樣的價值觀，甚至左右一個人說話的方式，到離開家庭跟學校的保護後，最終成為的模樣。

回顧職場第一個十年，想起的都是失敗例子。被誤會、被陷害、被孤立、被資遣、被當面拍桌說：「我會讓你在業界無法生存！」每次的失敗都是一陣暴打，曾經哭過也怨懟過，但我需要收入，沒資格絕望。有一份工作才能過活，這家公司不要我，我就再找別家。縱使鼻青臉腫，仍要低著頭遮住傷疤、擦乾嘴角的血，電梯門開啟之前提醒自己，待會進辦公室要抬頭挺胸。

數不清有多少次，我把幾個銀行戶頭的餘款轉帳湊在一起，才能領出幾百塊撐過月底。發薪日的隔天匯完房租、繳清電話費、雜費跟學貸，贖回修理好的摩托車，突然想起上次聚餐的錢還沒給，戶頭不過幾千塊卻還有二十九天要活。被現實奴役過日子的無力感，彷彿昨日，僅靠著幾天的小快樂、小滿足來掩飾人生有多辛苦。

每當日子過得困頓，我總會想起初入職場的第一天，對著主管說：「我想當業界最年輕的總編輯。」一口氣傻得可愛。我靠著想像終點一路撐過來，在職場吃盡苦頭，野心收斂到只想把飯碗捧得安穩，夢想在遠方。

成功遙不可及，生存就在咫尺之間，不合時宜的體面跟尊嚴必須拋掉。一直辛苦下去不是辦法，總是被壓著打，肯定是我不夠強，與其吃招、中招，何不主動從失敗經驗中找出解套方法？雞湯式的安慰無濟於事，取暖不想太久，我想聽到的是如何才能不再受傷，哪怕是一個熱辣辣的耳光能將我搧醒，也好。

平庸的人花時間在抱怨，不甘平凡的人碰到問題急著找方法解決，想找書來看的人相信不會是前者。我一路走來，自負也莽撞，在職場上狂到覆水難收，最後換來滿身傷疤隱隱作痛，多虧寫了這本書，是一次重新詮釋過去經驗的機會。多少次深夜敲著鍵盤回顧往事，當時白目成性的我，若能遇到一個願意提點我的前輩，或許結就不會打死，多年後梳理起來竟是如此痛苦。

感念於我的父親、母親，如同社會上多數的勞動階級，用自己的人生來撐住別人的人生，至今，仍不敢從工作崗位上退下。為了證明苦日子沒有白過，我出社會的第一個十年，決定留下一本職場書，寫滿善意提醒是我想為大家做的回饋。

最後，謝謝每段工作都很常加班、一個人半夜鎖公司大門，過沒多久便黯然交出門禁卡，抱著紙箱走進電梯的自己，不管自願或非自願離開都沒想過放棄，才有這本《最後下班的人，先離職》。五十四則職場故事，寫給同樣努力著也受挫折的你，要是能從別人犯過的錯裡，讀到有幫助的內容，哪怕是一段文字、一句話，那麼當時哭喪著臉的我，就值得了。

願所有懷抱理想的工作人，都能在書中找到火光照亮前方，不必獨自忍受黑暗，路再險，都能堅持良善與正直往前走去，讓流淚哼唱〈憨人〉的自己留在昨日，懷念但不留戀。

威廉／曾世豐

CONTENTS

Chapter 1
找對工作得靠智慧

Chapter 2

新鮮人的生存哲學

Chapter 3

工作不厭世的求生指南

Chapter 4

說再見也要說得漂亮

Chapter 5

接下來的你要往哪走？

Chapter 1

找對工作得靠智慧

面試時記得別把話說得太滿，任何回答也請不背離現實，保留緩衝空間。要知道得到工作並非就此成功，真正的挑戰是從第一天上班開始。

不咬著牙到職場走一遭，很難得到「賤人抗體」。

最近跟廣告圈的朋友聊起，身邊不乏許多以接案維生的創意工作者，踏出校園第一步，就選擇做自己的老闆，拒絕進入職場。「究竟要到公司上班追求穩定生活；還是靠才華混口飯，做個無拘無束的自由工作者？」這幾乎是我生活裡的月經題，最常出自年資不到三年的新鮮人認真問起。

通常我會切成兩塊回答。一是從實際面來談人際資產跟工作累積出的資源，二是面對人性黑暗面的處理能力。發問者多少有著反社會的憤青特質，不喜歡世俗規範，建議先到職場晃晃，再談喜歡不喜歡，至少三十歲前有大把青春跟體力嘗試，先熟悉體制才有資格革命，還沒努力過就斷然拒絕，這種行為叫做逃避現實。

> 不功利、不現實是個人選擇，但個性良善的你不能不學著認清現實。

猜想我會像一般的勵志文來褒揚唯有進入職場，才能獲得成功？其實沒有。成功與否並非生存要件，我想談的是「賤人抗體」。全世界最惡毒的人通常會在兩種場合孳生，一是情場，二是職場。雖不至於免疫，但唯有透過實戰才能獲得經驗值以防止感染。更重要的是，學到在一場又一場如同八點檔的爛戲裡，試著全身而退。

入行頭幾年，我遇上一件刻骨銘心的麻煩事，曾跟某位自認是朋友的同行抱怨工作。在對話框裡除了發洩苦悶，還順口飆罵當時同事城府深、在暗地裡耍手段，種種心機行為，成群結黨的惡勢力讓我覺得上班是種折磨。

午餐時間結束，我拎著一杯手搖飲料回到位置，才不到一小時瞬間風雲變色。所有主管桌上都放著一份A4紙，包括老闆，裡頭就是我剛剛的對話紀錄，赤裸裸地。我愣在原地足足有兩分鐘，當下心想：「死了，這次被陰慘了。」另一波情緒來襲，被背叛的陰影立刻吞噬掉我所有自信，變成極度焦慮。

職場上挨的這一棍很痛，痛到現在都還記憶猶新。

故事的結局當然是黯然離開。這件事對我影響很深，導致之後在職場上對人產生嚴重的不信任感，下一份工作刻意封閉自己，築起一道高牆，不想跟任何人往來，只管做好所有交付工作。一直沒說出口，是因為不想重溫可怕的回憶，事隔幾個月跟朋友說起離職經過，都還餘悸猶存。拖了好久，某一回拗不過同事央求，同意出遊聚餐，酒水一下肚我全面失守，才放下防衛心娓娓道來。

幾位同事這才告訴我，其實他們老早就聽聞這段經歷，甚至前公司的同事傳過一些負面評價。只是在面試過程中，以及一起工作的這段時間，他們絲毫沒有感受到傳聞中的惡劣個性。今天聽完，除了想讓我釋放壓力，更想以過來人的立場當面給些意見。

以道德層面來說，**不該對外批評自己公司，甚至指名道姓地罵人、留下紀錄，這是工作上的基本操守。就算再氣、對方行為再過分，都得找到適當出口，同事或是同業的任何一人都要避免。**人與人之間傳話就夠可怕了，更何況若是有心人要弄你，防衛心應該要放在這裡。小人難免，對不相干的人開砲，不是勇敢直言，而是頭腦簡單，局勢變成敵暗我明，怎麼想都是不利。

將近十年過去，回頭談起這件事，我不認為當初是自己太單純而沒有防人之心，只怪自己誤把天真當成良善，才會挨這頓悶棍。**聰明才智是天生，能讓人贏在起跑點；但缺乏智慧，會讓你在最後一刻全盤皆輸，失去全部。**精神打擊遠比失去物質還來得有殺傷力，與其正義感失心瘋，倒不如磨練能早早看透，試著妥善應對的能力。

／職場求生法則／

職場不等於整個人生，不過，能在這一站獲得「賤人抗體」，彌足珍貴。就算抵抗不了，也能透徹對方玩什麼把戲，面對險惡狀況時能夠全身而退，是無論如何要你走一遭職場才能獲得的智慧，以後到哪都受用。

話別說太滿，適當的拙劣反而是好事。

「到底面試時應該據實以告，還是要學著技巧性灌水，想辦法先得到眼前的工作再說？」會特地來請教的，通常骨子裡是個老實人，只是在競爭工作時吃過虧，看不慣擅於用話術包裝實力的對手拿走了自己最想要的工作，心生怨懟的狀況下才會想要嘗試投機。

我相信會看職場文章的人，絕不會想走偏門，看多了快進快出的實例，就算讓他們搶到飯碗，通常不出多久就會被打回原形，倉皇離去。

任何與陌生人的會談，縱使再有把握的事也要學習收斂。**尤其在華人職場裡，謙虛仍然有用，通常把話說得很滿，回答問題總是信誓旦旦的求職者，會激發面試官的過度期待，未必是好事。**那麼，到底在談工作的場合，應該把話說到幾分滿才對？

不背離現實，保留緩衝空間。你要知道得到工作並非就此成功，真正的挑戰是從第一天上班開始。前同事向我打聽一位編輯，彼此算有交情，所以就單刀直入地問：「威廉我很想用他，但他的作品都是共同掛名，專業能力令人質疑；然而，提到主編職位所需的技能、條件，口氣卻胸有成竹。」

「我跟他不同部門，沒有直接共事，要評斷能力不太客觀，不過他在上家公司掛的職位蠻高的，或許可以問些執行面的問題，探探虛實。」最後，這位編輯還是被錄用了，直到某次在工作場合碰到他的主管，也就是當時向我打聽的業界好友，告訴我：「他終於自己離職了。」

表情很像是被政客騙走選票，終於熬到任期結束的那般釋然。

X是個明事理的主管，沒費唇舌細數他工作上的不是，只是淡淡地說：「差不多就是我們先前擔心的那樣。」原以為能夠獨當一面，沒料到表現差強人意，主編位置對他來說有些吃力，較大的問題是常常把話說得很滿，做起事來又不喜歡被指導，長時間不符期待的結果就是讓彼此失望，分開收場。

每當要面試新工作時，我總會在前一晚沙盤推演，開頭的自我介紹要練習真誠自然，不忘多做功課談談對面試公司的了解跟期待。而最重要的個人經歷，究竟說到幾分滿，也會好好琢磨。**隱惡揚善是最常見的話術，基於誠實，隱惡不太需要技巧，揚善尺度因人而異，生性保守的人會是五分，最多人的直覺反應要做到七分，而我，則會拿捏在九分滿。**

”過度抬高自己不是好事，所謂九分滿的面試之道，是要拿缺少的一分表現拙劣。拙劣不代表失敗，而是騰出轉圜餘地。“

如果那位主編能夠在對方提出疑問時，表明雖沒有獨立完成的作品，但清楚身為主編的職責跟工作目標，期待能獲得機會磨練出更紮實的執行能力。適度降低對方的期待值，不失為解套方法。

邀請面試是想確認雙方合意。會做事是基本，最重要是滿足彼此期待。換成我當面試官時最怕遇雷，誤用了地雷同事來了又走，浪費時間是最不願見到的事。被雷個幾次，於是理出一套防雷機制，辨別誰是真、誰是假。在面試關卡把話說得很滿、很有自信的求職者，我會習慣先打個五折，再看剩下的分數如何。

反之，要是面試者可以適當顯露不足，又能謙虛回應，實在是再加分不過，就算是身經百戰的老江湖，也禁不起以退為進的談判技巧。每個人對完美的標準不同，新人當然會有一定的誤差值，只要不偏離太遠，絕對能夠被容忍，或用其他特質來截長補短。

職場求生法則

凡事話別說太滿，對於做事能力要像開車保持安全距離，適當的拙劣反而是好事。百分之九十的完美，剩下百分之十是為自己預留的任何意外的彈性空間，也是最後關頭加速超前的機會。

把握機會固然重要，但沒準備好可別急著上台。

一入雜誌媒體業，我最想去的公司，卻是最短命的一段。待不到半年就黯然退場，像是在家苦練多時的素人歌手，好不容易搏到機會登台表演，進歌第一句就走音，接著後面歌詞整段唱錯，腦袋一片空白愣在原地。歌曲一結束就被請下台，謝謝再聯絡。

那半年，回想起來確實荒腔走板，得來不易的飯碗卻情急碰碎，離職前一晚要發再見信，發現當初寄給總編的求職信，自己還留著備份。信中口氣充滿自信與期待，感覺是個開朗又積極的年輕人。當聽聞公司找到替代人選，關於終將被迫離職這件事早早心裡有數，跟主管最後一次的談話內容至今都還記憶猶新。

「威廉，你知道自己的問題在哪裡嗎？」

「我好像太早來了。」

> 所謂早來，
> 是在能力還沒備齊之前就坐上這個位置。

當時二十六、七歲的我生活挺簡單，沒有太多物質追求，跟雜誌的菁英風格相差甚遠，為了寫出高品質的報導，花兩倍、三倍時間在追趕品味，加班到深夜不斷翻著舊雜誌，研究讀者輪廓嘗試換位思考。可惜苦讀結果只摸到皮毛，私底下我總是T恤加牛仔褲，卻要教讀者怎麼穿西裝、怎麼選好西裝，無論如何揣摩都很吃力。

「你在公司的這段時日有什麼收穫？」

「我比第一個月要熟練很多，可惜進步的速度跟不上公司想要的水準。」

被夢想的工作拋棄，費了好大的力氣才拼回玻璃心。也曾想過是否再給我多點時間就能上手，碰到菩薩心腸的主管或許願意，可是公司不是學校，沒有太多時間讓你學習，不管換誰來做績效還是得要求。雜誌運作所需的專業能力或許可以靠土法煉鋼，在一定時間內成長，可惜我的另一個遺憾是心理素質不夠。

太過期待，所以一受傷害就加倍挫折，總是在需要穩定表現的時候意外失常。**積極、樂於接受挑戰絕對是很好的工作態度，但工作上越級打怪終究是事實，再怎麼辛苦都得正視失敗。失敗可以反映出能力的不足，能突破自信所掩飾的盲點。**

反省的成效有限，最直接了當的方法就是姿態放低，向拒絕你的人請益還有哪些地方可以改進。若無法當面開口就發一封電子郵件，抱著要死也要死得明白的心態，才能置之死地而後生。這輩子不可能只有這一場面試，也不是只會有這一個工作機會。

上班最後一天，急著把個人物品打包，想儘快離開讓我灰頭土臉的傷心地。總編輯打了內線電話把我叫進小辦公室，平時看似冷漠的他，離別前說了一番話讓我受用至今，大意是：「威廉，在這裡的工作時間不長，它可能是你人生最後回顧也不會出現的片段。但你要好好想清楚，最終想要成為誰。想清楚了，這中間的過程該做哪些努力，自然就清晰了。」

找工作很常會遇到彼此相談甚歡，再誇張一點，就是相見恨晚的面試氣氛，畢竟當下兩邊多少都有一些不切實際的想像。心理素質的部分比較單純，捫心自問自己究竟準備好了沒？如果勝算很大，決定權回到自己手上，別急著當下表態。**趁著短短的面試時間感受公司氣氛，用幾天的時間冷靜思考。試穿一次就倉促結帳的衣服，往往穿沒幾次就發現不適合，工作也是。**

再來是專業能力，盡可能在面試當下問清疑點，一離開會議室就再也探不到答案，只能臆測。全然陌生的環境的失準機率，實在太高。所謂疑點，包括自己的技能是否跟公司期望相符，不足的部分又有多少資源跟多少時間彌補，辦不到的事別輕易答應，不需要嘴硬。

當天在小辦公室的我不斷向總編輯道謝，也忍不住悔恨的淚水，天不怕地不怕的求職態度到這一站因此改變。碰上好的機會不一定要立刻伸手抓，懂得不強求，寧願先留著這段互看對眼的緣分，強壯心理素質跟專業能力之後，找對時機再來挑戰也不遲。

職場求生法則

機會只有一次，加倍用心卻得不到別人一半成就，就是一種警訊。把握機會固然重要，但還沒準備好各方面的能力時，可別急著上台。

選大公司、小公司？看你欠缺的是專業還是掌控力

我前後待過不少公司，聯絡得最頻繁的是其中規模最小的一間。當時雜誌社的編輯、企劃加上業務，不過六、七人，吃個午餐得出動整家公司，必須猜拳決定今天誰留守辦公室，幫忙接電話跟收快遞。人力太過精簡，無論是功能面或情感面，這樣的組成太像家，缺一不可，每每回想起來心頭總是暖暖的。

待在這家公司將近兩年時間，是職涯裡最歡樂也最難忘的一段，由於組織架構扁平，多數職位都是老闆直接管理，彼此沒有競爭意識。每個人都是一條龍作

業（偶爾是多條龍），沒法挑事做，也沒空間偷懶，事情不做，沒人幫得了你，到頭來還是得自己獨力完成，同事之間互不干擾，所以氣氛融洽。

"小公司所有的工作項目必須得一把抓，可以練習獨當一面。"

看似悠哉，節奏卻像大火快炒。雖然被放在最基層的編輯職位，其實我是整本雜誌內容的聯繫窗口，跟總部溝通當期內容、藝人上封面跟品牌活動邀約都得經手。然而瑣碎的事可沒少，小到連改一個字都要特地發信，轉寄給全公司，一雙手加一個腦袋，時常慌張度日，能把事情做完就是成就。

職涯下一站，轉到另一家大型媒體集團任職。同樣是基層編輯，報到當天一出電梯說明來意，櫃檯人員就將我帶到新座位，早早就放好一份到職表格，電腦跟分機都設定完畢，一張便利貼寫著帳號密碼。還來不及跟鄰居自我介紹，部門裡最資深同事便走過來說：「威廉，可以打擾幾分鐘嗎？我帶你去認識公司同事跟周圍環境。」

這段職涯像是從家裡自學，突然間被送到私立的貴族學校，眼界開了不少。雖然前後待過其他雜誌社，但從業界最迷你、換到最龐大規模的公司，落差大所以銜接得特別辛苦。上班第一天就明顯感受到制度化，連領用一塊橡皮擦都必須照著流程來。

”在大公司不只得把事情做完，還得把事情做到最穩、最好。“

嚴謹是這家公司特有的文化，關於內容，總編輯讓我明白百裡挑十跟千裡挑十的成果絕對不同，一點妥協空間都不給；相較於上家公司的溫情，這裡顯得肅靜許多，每個人像根螺絲釘，想盡辦法鎖到最緊，好讓這台機器能順暢運作。並非冰冷就是負義，拋開兒女私情，追求成效至上的工作環境，像是軍事教育，把我一直以來過度放縱的做事方式，猛力拉回軌道。

曾有好一陣子，我很迷戀成為權力中心，凡事都得由自己決定的優越感。在小公司最容易被沖昏頭，經過幾段工作的洗禮，我才真正感受到制度的重要性，無論規模大小，能做得住的工作環境一定是分工明確，大小事都有明文規定，就連判別員工表現也有一套標準做為依據，賞罰分明。這在大公司相對比較容易遇到，尤其是業界的老字號，一定有它存活至今的道理。

職涯初期，盡可能先往完善的體制走，規模越大越好，就算職位低階也在所不惜。學會被管理才知道如何管理，一旦習慣了 Free Style 就很難再接受體制。若是起步條件不如人，沒有名校加持，更沒有攤開像同花順的證照，長相稱不上是道菜，可別太快喪志，不妨先找工作性質接近、職稱類似的職位磨練專業，培養實力，既然技不如人就得做好蹲點練功的打算。

「好缺」門檻通常不低，面試關卡越多、越需要具足條件的職缺，照常理說薪資跟福利不會差到哪去；若月薪兩萬五還得具備十八般武藝的無良職缺，用肉眼就可以判斷，別傻到往火坑裡跳。要留在小公司當山大王呼風喚雨，還是加入大公司生產線做個稱職的作業員，追求專精？剛畢業的我跟已經工作十年的我，想要的工作模式肯定不同。

若能重新選擇，**我仍不後悔於菜鳥時期想盡辦法往大公司鑽的勇氣，就算助理薪水撐不住生活基本所需，咬著牙能學多少算多少。等有滿滿的資源可以運用，往後就能成為轉職籌碼。**就算換到人丁單薄、成立不久的新創公司，也擁有把前東家的成功經驗複製過來、建立制度的真本事，這些都是無形資產，未來要挑戰高階職位就不是難事。

職場求生法則

把專業能力磨到一定高度，在職場上會是一張保命符。掌控大局的經驗不用太急著要，等待時機成熟，自然就會把你推到想要的位置。

多禮不如懂分寸，有些事情做足反而會有反效果。

一直以來，我都是歌唱節目的忠實觀眾。近幾年中國將綜藝節目的製作規格推上天花板，不單純是唱歌，更像一場大型的歌舞秀，連觀眾都是表演的一部分，比排場磅礴、比技巧華麗。

個人偏好唱腔獨特，情感大過技巧的歌手；那種轉音轉到喜馬拉雅山，每個細節做足，唱到惆悵之處不忘壓嗓、哽咽，通通被歸類在太油，像我這種職業觀眾，同時得追好多個節目，太油的唱法不耐聽，不出一分鐘就會想要快轉。

多年前，趕上〈身騎白馬〉爆紅時期訪問了徐佳瑩，她傾注感情的唱法會讓觀眾無法將目光移開，總是閉著眼睛握緊麥克風，狠狠地往心底像是要掏出些什麼給聽眾。難掩粉絲口氣問起為何習慣閉眼，她煞是認真地回答我：「因為要想像歌曲的畫面。」閉著眼睛投射對歌詞意境的理解，讓自己成為歌裡的故事。

徐佳瑩不是最會唱歌的參賽者，但聲音最能感動聽眾，而我所謂的掏出些「什麼」，就是「誠懇」，不誠懇一聽就知道。

台上歌手是應徵者，評審老師則是面試官，不管換到哪個位置，我都不推崇太過能言善道的說話技巧。對於多禮，每個人各有標準，若不是外表開外掛，通常動作一多，即使是禮貌也會令人感到不舒服。換到求職場合是得推銷自己，要讓對方在短短時間就留下好感，未必得使出撩妹手段，意圖明顯就是失敗的話術，買單的機率不高。任誰都不希望被覺得很油，油等於不誠懇。

究竟討好別人有無必要，求職這關我投反對票。話題要點到為止，讓雙方都能感受到尊重，而不是刻意恭維。最容易犯的錯誤是禍從口出，非交際場合的稱讚往往很難拿捏，容易顯得多餘，聽起來像別有用心。要挑對的時機說話，抓不準時機不如微笑就好，禮貌盡可能用態度表現，而不是行為。

面試場合談的是正經事，氣氛輕鬆不需要刻意營造，曾遇過一見面就誇衣服好看、聲音好聽、看起來人很好相處。這類讚美全部回以微笑，簡短地道謝就直接切入正題，並沒為他加到分。這些讚美就算是真的，也請通通放在心裡。**予人舒心的求職者，反而話不會多，等到對方遞麥克風時才會發言，這叫懂時機。**

> ”懂得察覺對方的需求，想盡辦法滿足他、為他解答，話題不偏離工作就是懂分寸。“

就算曾有豐功偉業，切記態度不要張揚，表現靈巧有更好的方式。情緒再澎湃也請本著優雅，不疾不徐地交代清楚，好壞留給對方來評斷。即使工作性質需要舌燦蓮花、話術深淺來做為錄用參考，但喜歡油腔滑調的人很少，與其這樣，我寧可選擇誠懇，舒服的面試氛圍就已經成功一半。

緊張不安又帶點興奮是人之常情，時常一個差錯、情緒沒收好，就變成鬼上身。我不只一次犯過相同錯誤，急著把自己會的面試技巧全使出來，從第一次對眼的好學生式微笑，到進門客氣禮讓都還算得體，若每句話都加上敬語，聽起來就越來越拗口，最後結結巴巴變得很不自然。

不討好、懂分寸的人能換得誠懇印象，不把禮數做足，就算只是一個伸手的動作，也能看起來很有節操。

嘴巴說不要倒不至於，可身體千萬別誠實，喜形於色永遠是最拙劣的表現方式，就算內心很渴望得到這份工作，更要耐著性子淡定一點，一切理性應對。

談工作是一場交易，需要拿出真本事來換，不能只依賴嘴上功夫。態度越汲汲營營，越想得到，對方反而不肯給，能被記住然後錄用，往往不是最會面試的人。

職場求生法則

想試著取悅對方卻沒智慧拿捏得宜，最後瀕臨過油的尺度邊緣，面試還沒結束就知道自己被淘汰出局，與其多禮倒不如懂分寸就好，有些事做足反而會有反效果。

把爛工作做好就是你的本事。

我找工作的運氣向來不是太好，從懵懵懂懂到莽莽撞撞，說穿了，就是履歷不夠精彩。尤其頭幾年打開求職網站，主動聯絡的廠商不是壽險，就是房仲，多半是不需要太多豐厚功績的業務工作。沒其他選擇，只能靠口耳相傳，打聽哪家公司有缺人，憑著微薄的人脈連結想辦法把履歷送到對方手中。

因朋友介紹，我獲得一份企劃編輯工作，還沒到職，就有人好心帶話提醒：「威廉，你要想清楚這個職位不好待，你的主管陰晴不定，不是一個好搞的角色。」對方好意相勸，把最差的情況一五一十全告訴我，由於當時我入行沒多久，經過一夜思考終究還是去了。想得很簡單：「反正我經驗不多，肯學肯做。謝謝你的好意，總之，我想先努力看看再說。」

即便內心多少有些遲疑，但我在雜誌圈仍是新手上路，沒其他去處，「明知山有虎，偏向虎山行」眾所皆知的爛坑還是得栽。**求職前，我習慣打探徵求職位的汰換率，以及整家公司的平均年資，最資深的同事約莫待多久，來做為這份工作的預設血條。進了公司，就像把沙漏倒轉，在有限時間內磨練出自己想要的技能。**

我的新工作隸屬於業務部，負責編寫與品牌合作的內容。專業術語是廣編，換成常見的說法則是業配，夾在業務、客戶跟雜誌立場中間，不算討好的角色。沒辦法像其他編輯擁有報導的自主性，要寫什麼、拍什麼得跟著預算走，滿足讀者是其次，要把客戶應付得服服貼貼才是我的職責本分。

頭一年有些辛苦，前面幾個坐這個位置的人都不歡而散，幸好當時的我是徹頭徹尾的鄉愿，不知好歹算是好事。遇上無理的狀況意外無感，別人眼裡的苦差事做得挺開心。就算主管要求一個提案要給出三種版本，我會視為挑戰心想衝就對了；下班前突然告知有急件要給客戶，也會犧牲休息時間去完成。只要能幫到同事就覺得開心，一切正念以對。

有求必應的態度讓我與部門同事打下很好的合作基礎，但「偶有急件」卻變成人人都是急件，無形中把業務慣壞。隨著時間一久較能掌握工作節奏，逐漸曉得分辨輕重緩急，知道如何判斷推到眼前的急件，該花幾分力氣處理。

”最好的方式是先坐下來協調，在工作量暴增的時候一起討論對策。“

可惜當時沒學會沉著，而選擇了不理性面對。被急件轟炸兩三個月，我忍不住在會議上直批：「你很急，他也很急，而他更急，我一個人只有一雙手跟一個腦袋，就算不吃不喝、不休息也做不完。你們幾個要不要討論一下，看誰是誰真的急？」話一說出口，全部的人瞬間安靜，氣是出了，但場子也搞僵了。

從那天起，我不再一味接受，遇到不合理的要求會直接表明拒絕，卻被解讀成工作態度不佳。從順從到不願順從，還算是新鮮人的我藏不住情緒，也假裝不來，索性在辦公室內將自己切成靜音。冷戰太過消極，問題還是沒有解決，化友為敵非常不智。同事耳語，我正進入先烈們的離職ＳＯＰ，發現苗頭不對試著改變現況，積極想找其他人溝通。可惜為時已晚，先前的不配合讓我成了異議分子，巴不得儘快剷除。

收起所有怨懟，回想當初執意要這份工作的初衷，設定好的技能是否已經到手，多虧密集的急件，讓我在高壓環境裡磨練出快速提案、快速完稿的本事。並且擁有基本的溝通能力，讓客戶、業務跟公司三方能運作順暢，相對於其他部門同事，我所累積的人脈更多元，連印刷廠業務跟廣告公司都有接觸。想想不離初衷，這趟虎山確實沒有白來。

「富貴險中求」是拿來自我安慰用的藉口，求職前根本就不該設定血條，一旦預留退路就是消極的開始。**同樣是磨練技能，能否智取，應該取決在衝突點當下如何撥亂反正。就算工作量再不合理，撕破臉都不是聰明人會出的招。**

職場求生法則

在工作時自爆，通常是因為抗壓性不足，對於「沒那麼好」的工作機會抱著走馬看花的心態，早晚落得倉皇而退。環境縱然險惡，若能有主動解決問題的積極心態，仍能走出活路一條。

工作頭幾年，「錢多」不是好事

離開一份感情放很深的工作，心情有點複雜，當時的我已有四、五年的經歷，不算新也不算舊，打算在同產業找更好的位置，篤定要另謀「高就」。無奈幾次面試都沒有下文，到了第三個月，存款見底才意識到失業。無路可退，我開口跟要好的老同事借了五千塊，東湊西湊才順利繳完房租，眼看二十九天後還得再經歷一次折磨，決定主動找機會，把姿態放到最低，無論如何先求有收入再說。

那陣子偶爾到百貨公司代班，看到熟人躲也躲不掉，一聽到對方問起：「你怎麼會在這裡？」意志更加消沉。既然台灣沒有我的位置，不如就到外地闖闖，拜託朋友幫忙探路在中國打聽職缺，最後都不了了之，窮到連早餐跟午餐都得併成一餐吃，下個月房租都不知道在哪，能省就省。

好不容易一份長駐上海的工作找上門，雖然雜誌屬性並非我擅長的領域，但對方給得起高於行情的薪水，願意供宿又貼補返鄉機票，決定先去再說，把家當塞在一只三十二吋行李箱，一路聽著張震嶽的〈Bye Bye〉，就要到一個連去都沒去過的環境重新開始。

報到當天，發現跟事先談妥的條件有落差。說好駐地幹部會讓出宿舍，沒料到他存心刁難，用盡理由就是不搬，我只能屈就於一張鄉土劇常見的藤編長椅，睡在客廳，偶爾骨頭痠痛才換到地上。十月底暖氣故障，我撐到十二月氣溫降到零度，打電話回台灣給當初面試我的主管，請他幫忙。最後我換到一間恐怖旅社，叫床聲、菸味跟失靈的熱水器，在冬天的上海洗冷水澡又是一連串震撼教育。

原本應徵編輯職位，上工第二個月傳來一張客戶清單，要我聯繫客戶並試著登門拜訪，每週五繳交工作簡報，裡頭要註明客戶狀況，試探預算跟廣告合作的可能。擺明把我當業務用，職稱掛羊頭賣狗肉，承諾接連跳票讓我灰心異常，與其坐困愁城，不如想辦法脫身。恰好碰到農曆春節回台北，回程機票就索性報廢。

> 最完美的退場機制是把試用期撐完，到時再以適應不良為由，彼此好聚好散。

一心只想著到中國發展，至於能怎麼發展，又想發展成什麼地步，則欠缺規劃。**海外工作要考慮異地的生活配套，最好是有熟人帶著，環境適應的問題解決了，再談薪資。**衡量收入能不能支撐生活，而非帶著家當去到當地再說。這是工作，不是旅遊，我一開始的心態就錯了。

一段海上漂的奇幻旅程寫不進履歷，卻是深刻的人生經歷，不少新鮮人一出社會就背著學貸跟房租的龐大壓力，不得不看錢辦事。但自己值多少錢，心裡多少有個底，高於行情的薪水是甜頭，先甘後苦是再常見不過的血淚史。**起頭苦一點無所謂，與其貪婪的伸手亂抓，倒不如讓自己變得更有能力、更強大，讓好機會過來找你。**

對職涯缺乏長遠規劃再加上運氣差才茫然失措，求職過程屢屢碰壁會讓人開始六神無主，容易把錢擺優先，就算沒什麼興趣，只要有不錯收入就能安心許多，其餘就盡可能地遷就。知足是好事，但初入社會的你，沒有深厚的學經歷背景，對方願意開高薪多半不單純。

打開求職網站，不需要太多工作經驗又能給得出優渥條件，多半是出賣勞力，隨著年歲老去會逐漸失去競爭條件，不是長久之計。另一種則是業務性質，需要具備銷售能力，用業績獎金來墊高年收，我這才理解上海那份工作為何能給高薪。

其實，工作四、五年頂多算稍有經驗，轉職力道有限，未必能跳到多好的位置，卻難免有些眼高手低。**最好的策略是持續儲存能量，累積實力，就算是新鮮人也請先收起茫然，工作盡可能圍繞著興趣，從一件再辛苦都不會喊累的任務，感受何謂成就感、何謂成長。**專業絕非一時，找到方向是職涯的首要目標，薪資並非最重要的條件。

職場求生法則

出社會頭幾年可別盡看在錢的份上，實力養成得靠穩紮穩打。實力有了，想要的成功就不遠，接下來就看你如何布局與運用。你找工作跟工作來找你是兩種命運，面試時有談判優勢的肯定是後者。

與其想未來，不如想明天該達成哪些目標。

上班沒幾天，部門主管找了大夥一塊吃飯，想讓我熟悉熟悉。席間突然問起：「威廉，你怎麼會想當編輯？對這份工作有什麼目標。」

我毫不思索就回答：「我想當一個最年輕的總編輯。」見他嘴角失守要我考慮清楚，編輯工時長且賺不到什麼錢，業界行情最好的總編輯薪資條件，相較於其他產業也不過爾爾。

現在想起這段尷尬的對話，心裡仍會忍不住噗哧一笑，是可以被說成可愛，但天真的成分占多數，就像所有初來乍到的職場新鮮人，談起理想時眼神總是有光，前輩提到的現實考量澆不熄、也罵不退。決心說得通，自信也肯定有。

> 把目光放太遠，會讓人忘記此刻雙腳正踏在地平面上，關於理想還是得胼手胝足。
> 努力人人都懂，
> 要找對方法才不會到頭來白忙一場。

回顧職涯十年，經常有跟理想背道而馳的時候，好比想嫁個帥又有錢的老公，總天不從人願。遇到一個長得好看、家境不錯的對象，就會開始挑剔身高；

外型條件夠了，便期待他再貼心一點，最好記得關於你的所有數字，第一次接吻的時間、地點跟天氣。人都是這樣的，永遠學不會知足。

撇除場面話，或是「I love my job」之類的自我催眠，熱頭一過，要毫不猶豫地說出：「我熱愛我的工作。」實在不是件容易的事，現實會不斷搧我們耳光，熱辣辣的，要心無懸念地往理想走去，真的很難。

某天夜裡，前同事Y傳了口氣有點無力的訊息給我：「怎麼辦威廉，這份工作好像不是我想要的。」

對話框另一頭的我皺著眉：「當初也是你自己選的，不是嗎？」

他認為此刻偏離職涯目標，努力再多仍然困在一片大霧中，迷茫了方向。我只能拿自己的例子當成他的探路燈，試著指引。

這讓我想起一段與獵頭顧問交手的經歷，當時要面試的是跨國集團的高階職位，對方請我列舉出階段性成就，曾執手過哪些大型專案，有無對自己有利的數據佐證？整整三天，在一段又一段的職涯裡，除了無形的專業技能跟經驗，我竟然盤點不出作品以外的成就足以放進履歷之中。

原來我日復一日的工作，最後只累積到年資，實在把自己給嚇壞了！硬擠出幾個專案項目搭配數據，心虛地按下發送。睡前，我重新審視自己，人生跑馬燈轉到那次迎新飯局，第一個畫面是我毫不害臊地說出志願，一個跳接，變成坐在辦公桌前盯著電腦的懷疑人生。

工作終究是自己選的，沒有想不想要的問題，當初不喜歡也不可能會踏進來。我可以感受到前同事Y的初衷沒變，只是因為慢慢熟悉之後，現實對比出夢想的遙不可及，讓人灰心。**求職心態很重要，決定坐下來談這份工作的當下，所要思考的不是最終你會變成誰，而是拿到 offer 時，從第一天到最後一天應該做好哪些事，用務實角度擬定工作目標。**

比起暢談「我的志願」的天真，在面試時能清楚職位需求，收起傻氣，有條理地分析自己的優勢與不足，肯定迷人許多。正因為自己不甚完美，所以短時間內也沒有一份工作會是完美，可別操之過急。

在每段職涯的開始先設定好預期成就，比夢想更重要的是階段性目標。想當最年輕的總編輯並非無望，但總不可能頭一份工作就爬得上去，談未來總是空泛，希望這段話能給許多苦無機會出頭、時常感到飄零無依的人善意提醒。滿腦子想衝到終點，卻忘記認真思考所踏出的每一步都要穩固，才有辦法到達所謂的夢想。

職場求生法則

工作是一連串的自我實踐，每個階段都有不同的成就需要抵達。比夢想更重要的是階段性目標，與其想著未來想成為什麼樣的人，不如思考明天你需要成為怎樣的人。

職稱很可能只是騙局，工作條件務必眼見為憑。

正當我猶豫編輯生涯該繼續或結束，恰好接到某出版集團的面試通知，幾個月前心慌意亂，透過人力銀行應徵了這份主管職位，事隔多時，老早就被自己忘記。電話裡，人資想找我談的是另一份工作，他留意到我履歷裡有過經營網站的經驗，便詢問我有無興趣談談數位營運總監的職缺，抱著姑且一試的心態，我便爽快答應面試。

面試當天，照慣例先填寫基本資料與例行的性向測驗，半小時後，總經理走進會議室。前半場算是相談甚歡，後半場切入正題，開始聊數位方面的營運規劃，這種時候，十個有九個面試官會開始畫大餅，就算明知是海市蜃樓，也別輕易戳破。耐心聆聽的同時，務必確認雙方思維邏輯是否在同個頻率、理念是否相同，再決定要不要往下談。

老字號的平面媒體想轉型數位，將營運重心移到網路，希望借重我的實戰經驗跟能力，讓它成為該領域的第一品牌。願景人人都有，但我生性務實且超不浪漫，總監的份量非同小可，既然是管理職就得背負成敗壓力。我試著在一連串官腔裡，快速抓出該公司的預期目標，仔細評估該媒體的數位經營現況，顯然質量都有待加強。

”「或許」跟「應該」之類的字眼都是陷阱，不存在的事情別列入考量，工作範圍內的疑問務必要攤開說。“

先探清楚集團的組織架構，接著，我問到目前網站有幾位編輯，對方吞吞吐吐地說目前一位，年後或許再增加一位，如果我順利到職，整個部門應該會有三位編輯。眉頭一皺，發現案情不單純，職位掛營運總監，但部門內（加我）總共才兩個人，直接管理人數一人，而且還是大學畢業不到一年的新鮮人，現況聽起來像扮家家酒。

原來總監不過是名字好聽的資深編輯。對上要參與公司營運規劃，對下要帶新手編輯，對外要維繫業界關係，對內必須維持產值，每天要編寫文章創造流量，一聽根本是靈異節目 Live 直播，嚇得我膽顫心寒。於是開始想辦法從這場鬧劇全身而退。

聽完對方說明，我婉轉表明一個人做不來，並依照公司需求給出建議，當務之急，應該要增聘兩位編輯，並非先找主管職。面試撞鬼都是練膽量的好時機，沒必要立刻拒絕走人，既然來了，不如進一步探探薪資行情。不久之後，換成到董事長辦公室談年薪，對方開出的條件竟是我工作第二年的薪資水準，而當時的我已有十年資歷，足以讓我現場表演三次綜藝摔。

不得不承認，自己在初入社會前幾年對職稱異常執著，就算犧牲薪資也在所不惜，巴不得來頭越大越好。換成當時的我肯定往火坑裡跳，二話不說便把老闆畫的大餅抓起來猛啃，管它營不營養。現在的我知道，就算有本事撐起名片上的抬頭，但工作無非是靠勞動換取金錢，務必考量現實。

那些慣用漂亮抬頭來留人的公司，明眼人看來都只是說說而已。

職位跟工作內容必須對應，或許位階夠高，可以頭頂掛著光環，光環確實能引人注目，**但長遠看來，若要頂得住光環必須有配套條件，沒有好的隊友，沒有前輩指點，光憑單打獨鬥絕對不可能。**江湖混久了，交手過幾個名過其實的傢伙，才了解到抬頭給得漂亮毫無意義，名片寫著經理、總監、營運長卻是草包的大有人在。

關於待遇，對方承諾在試用期過後調薪，卻說不出具體的調薪依據，三個月一到要如何評估表現，而又會從哪些層面判斷，含糊其詞。很明顯地，公司有意把我一人當兩人用，就算付出雙倍的時間跟心力，以剛到職的狀態，短時間內最多只能做到摸索，職責範圍太廣，能上手已經不錯，別說要做出成績了。

面試結束，對方表明只要我接受上述條件，就可立刻上班。按耐不住直言性格的我，把所有嗆辣字句全部濃縮成：「謝謝兩位賞識，恐怕我不是你們要找的人。」走進電梯還不能鬆懈，所有負面情緒再細微都要忍住，坐上計程車才深吐一口氣，勉勵自己：「不經一事不長一智。」

職場求生法則

職稱很有可能是一場騙局，所有工作上的條件交換，務必眼見為憑。老闆畫的餅再大也要你嚐過味道，且看職責範圍跟工作內容是否符合薪資條件，再決定要不要吃這塊餅。

未來的主管挑你，你也要挑他。

剛開始工作那幾年，沒有豐富的經歷當籌碼，相對的，工作選擇性也不多，很常抱著孤注一擲的心情去爭取工作。一個走火入魔，會想用裝的用演的，就算遇到過分挑剔或不禮貌的面試狀況，也會選擇忍受。一心只要能被錄取就好，其餘等踏進公司大門，屁股坐熱了再來說吧。

曾經朋友介紹一份行銷工作，長達一個多小時的面談過程，老闆把公司營運的問題丟出來，想聽聽我的看法，想法不夠還得要給出作法。我一邊講，他一邊抄筆記本。照理來說，要先抓到雙方溝通上的默契，了解求職者的人格特質，再往下談實際面跟操作面。我試著把話鋒拉回職缺，直接了當的詢問工作內容跟條件，對方回答得模稜兩可，最後以趕著開會為由先行離開，讓人資經理接著談。

進入人資面試的階段，前半段簡報公司內部組織架構，不需說明權力結構，後半段便語帶暗示，不難聽出在拉攏勢力，說到激動之處還不忘指著我的臉，像是警告，甚至不時揶揄我的本名諧音。基於禮貌，用盡畢生的修養熬過這場面試，幸好未來的主管不是他，要不然我一定叫車先走。

當下在會議室裡談定薪水，任職當天如期報到，一進公司便開始忙著跟部門同事交接。人資碰巧休假，相關到職文件得要等他明天上班才能簽訂，一整天忙進忙出的，下班時卻被告知由於老闆還沒簽核薪資，一切要等到正式發出聘用證書，再來報到。一整天做了白工的我心情非常無助，把筆電闔上收進包包，簡單道別就離開。為求舒心，我轉述這段經歷給一位向來理性的友人，想聽聽局外人怎麼看。

「面試時，你覺得老闆是個怎樣的人？」

「他超奇怪！怎麼會有老闆完全沒想法，還要我給想法，急著拿紙筆抄下來。」

「那人資呢？」

「人資更怪！見面第一天就要我選邊站，大講同事壞話還不夠，瘋狂指著我的臉，好像我非要這工作不可。」

「幸好吉人天相，上班第一天就爆發問題，這兩個人肯定是你不喜歡的同事類型。」

聽到這裡的我突然豁然開朗，既然有疙瘩又找不到方法撫平，早該在第一次面試結束就委婉拒絕，不用讓第二次面試發生，貿然將就，最後果真是鬧劇一場。會走進這間公司，代表對這份工作有一定程度的喜愛，點與點相連，很有可能連成線、構成面；然而，不能一起工作，並不代表就不能當朋友。

> 求職的同時也在求人際關係，談不成也要留個好印象。面試失敗不見得是失去，往後轉職或許會用得上這段關係，要懂得留餘地。

有些面試官一進門就氣焰高漲，多聽對方說話一秒都覺得度日如年，這就是所謂的不投緣。但職場識人首先要放下個人主觀，建議給對方三個問題的時間，以證明自己的推斷是對是錯。若能將底線守住，碰到突發狀況難免有失圓融，只要本著禮貌的心，再怎麼難堪的局面都能做到敬禮解散。

不光看工作的本質，還得看人、看環境，剛出社會那幾年，我本以為把事情做好就好，吃下不少苦頭才意識到做人也很重要。人心難測，恰好可以用面試時間做為前測。我會特別敏感於自己是否受到尊重，**職位高低都不應讓自尊被踐踏，模擬到職後的兩人互動，主雇關係能夠長久，必須建立在良性溝通。忍耐只能一時，再怎麼高情商的人也禁不住底線被猛踩。**

職場求生法則

人與人之間的頻率共振非常奇妙，只要同事們能在同一陣線，就算工作環境再辛苦，遇到爛事也能甘之如飴；眼前的工作縱使再夢幻，跟主管面試若有任何芥蒂或磁場不合問題，相信直覺，別貿然將就。合不來便就此打住，未來可是要一起共事的，他挑你，你也要挑他。

Chapter 2

新鮮人的生存哲學

職涯是人生中一段漫長的路，無法說退就退，請記得把目光放遠、設好階段性目標，拿出韌性面對工作，練就生存的真本事。

不問會死，不懂裝懂肯定出局。

前陣子，特意翻出一篇二〇〇六年的無名網誌，曾懷著強烈怨氣寫下的《新鮮人辦公室求生法則》，到職未滿三個月的我，人生正歷經巨變，爬出學校的保溫箱來到現實世界體驗殘酷。頭一份工作，就是到時尚雜誌外商公司接受震撼教育。

我在代編部門擔任編輯助理，工作是協助主編，處理較瑣碎的編務。起初，仗著還算不錯的學習能力，很快地就把基本功摸熟，試用期輕鬆飛過，恰好部門人力吃緊，主管見我狀況不錯，試著把正式編輯的工作交付給我，而我也樂得被賦予重任。

初期順風順水，讓我在同事眼裡成為能獨當一面的新人，過度自信是我埋下的大地雷。職位或高或低，最怕覺得自己已經夠好了，不想被人指揮，更不需要聽從建議，看起來像一片蛋糕、無法展露能力的例行工作便不太想碰，就像新手上路就想開快車。

> 有能力，不代表有實力，
> 靠著實戰經驗才能累積出紮實的作戰力。

新鮮人再聰明也不可能無師自通，有疑問很正常，不代表自己是弱者，千萬別悶著，犯錯了寧願相信Google，也不肯開口問。當時我收到指示要做新刊企劃，隔週要跟客戶提案，對我來說，這是個從未有過的大挑戰，何止躍躍欲試，就算埋著頭連夜趕工也要拚出來。開會當天一早進公司，主管請我把會議資料先寄一份給他，過沒多久，抬頭問我：「簡報在哪？」

「有啊！那份 word 檔就是了，你前天不是看過了嗎？」

「先生，這是企劃大綱，你難道不知道開會要用簡報，這樣客戶哪看得懂？」

「可是要報告的內容就在這份文件裡，可以看著講吧。」

「這些是初步規劃，所有單元頁面的呈現方式，你還是得用 PowerPoint 做成簡報檔，有圖有文方便逐頁說明，你連這麼基本的常識都不懂？」

「那……我現在該怎麼辦？」

「不懂也不問，那麼有把握，可以問問你自己應該要怎麼辦。」

靜默幾秒，旁邊資深的同事急忙解圍：「威廉，還有一個半小時才要出門，我先想辦法跟客戶挪時間，你趕快完成簡報。」好死不死，客戶態度很硬沒辦法更改會議時間，同事趕緊拿出一疊國外雜誌，要我從裡頭找出參考版型，他請美術設計幫忙掃瞄、裁切建檔，同時間撈出舊有提案，用最快的速度拼湊出一份簡報。

一場混戰總算應付過去，但應付結果就是被客戶釘爆。回程的計程車上氣氛降到冰點，盲目地做、再盲目犯錯，錯了又不願低頭求助，一個字就是「瞎」。自信遮住雙眼導致我犯下大錯還不自覺，地雷爆炸一夕翻黑，招致眾人的不信任。

好強的人在職場會變逞強，越級打怪的下場不死也重傷。我的職涯開頭很有趣，用超短時間結束初學者身分，又費了好大一番功夫在進階班站穩腳步，一度還曾被拋回原點，從頭來過。白目又莽撞的故事還沒結束，這篇只是開頭。

一路承蒙不少好心主管開光點眼，多年後，我才慢慢爬到被交付重責、掌握進度的主管職位。碰到資質好、學習能力快的新鮮人總是又愛又恨，生性謹慎的人緊抓著我猛問，深怕一個出錯就大難臨頭；嘴巴說沒問題的，通常最容易發生問題的人。相較之下，我會選擇前者。

帶人時，我一定會把「請務必不懂就問」這句話掛在嘴邊，一旦發現新人不懂沒問，通常是木已成舟，不只出包，而且還是炸開爆餡的叉燒包。肯定是現世報，職場生涯被小聰明的人詐騙成精，越肯定的口氣就越讓人質疑，畢竟理解能力因人而異。讓我養成習慣要對方先解釋一次做法，確認沒太大問題時才會放手讓他去做。

職場求生法則

有太多次慘痛經歷，讓整個部門拋下各自手中工作，同心協力來替同事擦屁股的事蹟，建議初入職場的新鮮人務必抱著「不問會死」的心態，有任何一絲絲不確定，請務必厚著臉皮問到底。盲目嘗試、再盲目犯錯，不用多久你就會被判出局了。

同樣是新人，為何他可以準時下班？

我總以為職場就像實境秀《Survivor》（台灣譯：我要活下去），彼此存在一定的競爭關係，不是你死就是我活。尤其是職位平行的同事，就越想要比他出色，不想被覺得是弱者，白天做不完，晚上便心甘情願留下來處理，週一到週五做不完的事，也甘願犧牲假日好跟上進度。

由於當時任職的部門運作偏向專案管理，菜鳥的我終究是菜鳥，沒本事開大車，大型專案的脈絡太過複雜，導致得花好幾倍的心力才能跟上原訂時程。慢慢地，我陷入加班輪迴，天真以為用時間就能換得好表現，第二個月開始，幾乎天天最早出現在公司，用勤勞作掩護。

不久之後，部門增聘一名新編輯D，約莫兩、三年的工作經歷，在應接不暇時出現對手，於是拉起一條封鎖線，部門所有人都感受到我對她特別冷漠，從相敬如冰到擺明不合。職責平行的D卻顯得比我八面玲瓏許多，像隻花蝴蝶四處噓寒問暖，好幾次恨不得拿起電蚊拍起來用力一揮，一口氣滅了她。

看不慣對方把麻煩事往外推的工作方式，最後落到她身上的都是些看似輕鬆的項目，總能很快交差。而我則像個莽夫使盡蠻力，很快就精疲力盡陷入頹勢。進公司不久後，D也和我一樣面對排山倒海的工作量，不同的是她使出巧勁應戰，游刃有餘。

有了對照組出現，很快地，面臨職涯中第一次的勸辭，主管希望我可以自己提離職。對公司來說，我就像個不定時炸彈，原本工作量就已算緊繃，加上追求表現的企圖心展現，對任務來者不拒。沒過多久，手上的專案進度通通延遲，連環爆炸，心力交瘁的感覺一輩子都會記得。

當天約談結束，部門裡的資深同事主動找我一起吃飯，午餐時間是同事們互吐苦水的時機，點的麵還沒來，話匣子一開，滿腹的委屈終於逮到機會釋放：「很明顯我的工作量高出許多，犧牲多少假日，瘋狂加班仍不及六點沒到就先收好包包，補妝準備去約會的D，這一點我很不平衡。」

平時受到這位資深同事不少照顧，也是他跟部門主管央求讓我留任，聽完一番抱怨，語重心長地說：「威廉，我很喜歡你這個同事，所以把話說白請不要介意。嘴巴一直說新同事、新同事，其實你們也才差三個月進公司，算起來都是新人，但你有發現自己狀況特別多嗎？」

D的資質雖不至於出色，但終究幾年的編輯資歷讓她狀態穩定，鮮少出錯就是我最欠缺的實戰力。懂得運用資源，也懂得適時的擋掉不必要的工作。一開始她同樣陷入加班輪迴，幾個星期後就順利脫困，可以在正常時間下班，一定有其道理。可惜當時的我拉不下臉請教，沒能化敵為友，花了一番功夫才領悟到。

”求援不是偷懶，
善用資源才能關關難過關關過。“

撐過「勸退」風波之後，我開始觀察D的做事方式。她習慣向外求援，雖然一邊做事一邊喊累聽久有點惱人，但懂得求援就有機會將問題解決，逞強結果往往是一籃雞蛋全碎的慘況。

對內，向部門同事、主管商討解決方法，試著重新分配工作。對外，成本若允許，將多餘的工作以專案形式外發。對照鄰座的我，從企劃、寫稿、校對、印刷都想一手緊抓，不懂得該適時放手，這就是兩人的差異。

職場並非單打獨鬥，真正厲害的人，懂得運用資源完成重要任務。D看過的稿子，通常同事們得再看過一次，她明知自己文字能力不足，時常打錯字或是被重改標題，便聰明地找到資深寫手協助，降低被打槍的風險。

我像撞上冰山的鐵達尼，她划著一艘小船抵達終點，態度一派輕鬆。我這才明白**新鮮人「先求穩，再求好」的作戰策略，剛到新環境務必把這六個字刺在背上，奉為最高指導原則。**

職場求生法則

以公司立場來說，工作是結果論，過程再怎麼苦都不重要，只要能夠壓準時間，如期完成，對公司來說就是能用的人，比誰都能坐穩位置。新人適用與否，通常從這點判定生死。

找到職場偶像，並保持良好互動。

嚴格說來，我是時尚產業的插班生，一開始連想都沒想過會進入時尚雜誌。離開校園前，一直認定自己不是進劇組學拍片，就是去當八卦記者。頭一年連Louis Vuitton都念不好，只能用很重的台南腔念出ＬＶ。很多品牌名稱的輕重音分不清楚，幸好臉皮夠厚，總是在電話裡反問公關：「請問貴品牌正確念法是什麼？」

「什麼？你連這個都不知道？」這是那陣子最常聽到的話，處處碰壁的挫折感很深，畢竟從小刻意培訓自己成為行走小百科的我，聽在耳裡實在有點沮喪。就算大學念了四年設計系，以為多少跟美學沾到邊，時尚圈卻始終像異次元，努力把頭塞進這道窄門，樂觀對自己說頭過身就過，然而，這段適應期卻格外漫長。

某次聚會，經朋友介紹認識了A，由於同在雜誌圈工作，老早就聽聞這號人物，在男性時尚雜誌擔任主編，服裝品味出眾。成為同事之前有過幾面之緣，之後一拍即合，到哪都同進同出。

彼此隸屬不同部門，他在編輯部主導內容，我則是隸屬於業務部門的企劃編輯，由於兩人職務沒有相關，一碰到問題便第一個向他討教，感謝有他帶著我認識品牌歷史，了解產業生態。

我的個性向來橫衝直撞，遇到不合理的要求便容易憤恨不平，他總能拉著我下樓買杯咖啡，等待心情稍微和緩些，再以過來人立場給予忠告，不管是專業知識或工作態度。幸虧有這段亦師亦友的關係，短時間內才能成長快速，在很多他看顧不到的場合獨當一面，全拜這段關係所賜。能在職涯初期遇到導師，每當提起他時，我總是難掩崇拜口氣。

往後幾段職涯可就沒那麼幸運，出現像A這樣的天使前輩帶領。時間褪去我新鮮人的青澀，當年的小鮮肉逐漸熟成，變成大叔的職場行情就是殘酷，沒人看不順眼就要偷笑了，怎麼可能有同事對你心生憐愛，更別說處處提點、包容。上班第一天認識公司環境跟同事的流程結束，接下來該怎麼生存全靠摸索，沒有人帶，就想辦法自己找路。

當我還是個職場小屁孩，很常嚷嚷著想要成為誰，坐上哪個位置。磨練幾年後慢慢發現，**想成為的人開始找不到完美範本，隨著資歷加深、視野不同，所要應付的難題不會只靠單一能力。**

剛入行時，欠缺專業知識，花不少時間研讀時尚知識為了打底。等到基本的專業知識有了，發現自己耐性不夠，遇到太瑣碎、太繁複的事情會自動放棄，開始把目光轉移到其他前輩身上，參考他們的做事方式做為解套方法。等到開始帶人，工作有助理跟著，多了分身又該如何分配時間，側面學習仍覺得不足，我會主動向有相關經驗的人請教。

> 完成任務所需要的能力與特質，
> 可以從不同的人身上探尋，
> 每一位都是值得討教的對象。

並非每份工作都容易上手，就算有相關經歷，新職位對應原有的工作能力，規格不可能完美相符。試用期也是適應期，靠著自我提升突破三個月的門檻，對許多人來說都不是容易的事。

不光自學，我會將彙整範例的技巧融入職涯規劃。從A身上偷走品味，學習管理部的主管B說話沉穩有魅力，要是能夠有業務C的能屈能伸就更棒了。創造出一個合適環境的完美角色，同樣心目中有想成為的人，要是這個人不存在於現實生活，那就由真人真事來拼湊。

職場求生法則

找出職場偶像，觀察對方的人格特質跟生存優勢，要是不足以當成範本，就當成參考資料，資料越齊全越有勝算。而且不只是單方面的模仿，務必保持良好互動，他們都會是很棒的職場教練，透過不斷學習而成為強者，才能讓自己在專業領域立於不敗之地。

人情不等於交情，好心腸請量力而為

有天，為了要找廠商的聯繫方式，才發現自己被舊同事刪除好友，當下心裡不是滋味。這種程度的小情小愛本是可以看淡，但就想圖個爽快，死也要死個明白，決定向當年在公司跟他要好的G打聽，側面了解哪裡得罪了他，導致無冤無仇被刪好友。

沒料到G也發現自己被刪好友，兩人從慌張變成疑神疑鬼，擔心他是否出事，畢竟當同事的日子裡雖不至於要好，好歹也相敬如賓。越想越不對，不敢直接私訊問決定兵分兩路，從共同好友跟標註有他的照片得知近況，無奈還是看不出端倪。其實他沒有錯，錯的是我們把職場上所有萍水相逢的人都往心裡去，念舊念到氾濫，就連被不常往來的舊同事刪臉友，也能大驚小怪。

> 職場向來都不是感情用事的地方，
> 一走出公司大門，沒有了利益關係就是陌路人。

同事關係就好像「共乘」，各自有不同的目的地，同一列車直達或轉乘。有人上來找個座位休息，隔著辦公室隔板，各自理想。人與情分不開容易自討苦吃，並非要教人冷漠，築一道高牆用來自我防衛，**而是提醒自己在職場上，情感面量力而為，工作面也量力而為，千萬別自不量力，責任以外的熱心偶爾為之就好。**

踏入職場前幾年的我就有過這般鄉愿，跟同事感情越好，就越想多為他做點什麼，不只是情感的互助會，更是公事上的互助會，不管明著暗著都義氣相挺。要是一下班發現要好的同事得加班，便自告奮勇幫忙買晚餐，要是晚上沒什麼事，肯定出手相救，捲起袖子問哪裡還需要幫忙，捨命陪到半夜。

時間一久，自然習慣魚幫水水幫魚，就算沒有水還是要幫魚。在基層職位時的我們，工作內容單純不需要扛太多成敗責任，就沒有急著學習處理人情世故的必要。**過度熱心導致份內工作耽誤，我吃過的苦頭有一半是這麼來的，好人好事的個性一時難改，忘記任何援手都得出自行有餘力，事情做完要怎麼幫都可以。**

隨著資歷加深，開始遇到人情綁架的難題，尤其重感情的人做起事來容易有負累。我曾待過編制精簡的公司（或部門），成為主要聯繫窗口，組織架構扁平讓我握有資源跟決策權，從四面八方而來的請託，秉著能幫就幫的心態，幾乎是來者不拒。

對外從交換報導、藝人宣傳期到想找媒體曝光、品牌商品想要置入，對內又要面臨業務請託、行銷部配合專案……等，有好一陣子，我只要一進公司坐到座位上，就是瘋狂接電話、回信件，等到所有事情都處理完，約莫傍晚五六點，所有人都準備下班了，我才開始寫稿，一忙就是深夜。

這樣的情況持續長達半年，怪自己面對人情沒有節操，讓工作進度亂成一團，暴增許多無謂的份外工作，最終出刊時間延遲，在會議上被拿出來檢討。心裡覺得難受，由於公司人少，某次我在午餐時間把問題攤開討論，同事們滿懷抱歉地說：「你沒拒絕，我們都以為你沒問題。」自以為的革命情感，似乎只有我成了烈士。

患難見真情的「情」是交情，不是人情。人情是虛的，說穿了，不過就是互相利用；在急難時刻願意伸出援手，不管換到哪個位置都能維持聯繫，無私地分享資源，稱不稱得上交情得要用時間驗證，不是靠著一時好心就能搏來。

人來人往，辦公室裡的同事早晚要散，感情用事沒有好處，不善於擋事，也可以練習委婉拒絕。若總是以溫良恭儉讓的態度面對，一旦遇到用交情狹持人情的狀況，就算硬攬在自己身上也是用蠻力在幫，忙沒幫成、反而得罪對方，倒是時有耳聞。

職場求生法則

全神貫注在他人身上，一會兒幫忙搖醒睡著的乘客，一會兒熱心指引方向，東奔西走，只為確保大家都安全無事。最後到站卻忘記下車的職場濫好人，可千萬別當。

關鍵時刻，豬隊友比敵人還恐怖。

曾在職場上遭受陷害，有好長一段時間，我習慣婉拒辦公室的社交活動，甘心做個邊緣人。直到某次偶爾失守，遇到相互契合的同事，彼此一見如故，從此無話不說，到哪都同進同出。剛到新環境若能有人理解自己的工作狀況，下班還能一塊小酌暢談所有不快，聽起來再美好不過。

再怎麼鐵石心腸的人也會被溫情融化。剛到公司不久，與同事的共同話題不多，把苦水吐完也不妨聽聽前輩們的交戰守則，分享生活瑣事是對同事釋出善意的第一步，從星座話題開始，看看能不能找出共同點，就算不是同星座，至少也要討厭同個星座，共鳴發聲，接下來的職場命運會順遂一點。

新同事L，一進公司就可以感受行事高調，如果在社群網站發達的今天，肯定是人們口中的網美，出國行程、衣服、包包都很講究，對高級餐廳評價到男友開的車款都與眾人聊得十分起勁。

對比之下，我的生活就單調得多，不是公司就是家裡，實在沒什麼可以說嘴的。L的生活不僅精彩，個性外向手腕又好，來公司沒多久就跟大家打成一片，常聽到她跟同事一起去做美甲、逛名牌特賣會，反觀剛畢業的我還停留在學生時期參加聯誼的人際技巧，以既期待又怕受傷害的心態觀望。

部門同事都知道L的爸媽住在美國，面試時，她曾表明每年會固定請長假探望父母。別誤會我愛探他人隱私，這全是她熱情分享，就算不刻意聽，她也會用漸強的音量送進同事們耳裡。

「所以妳爸媽是定居美國囉？」

「對啊！剩我一人在台灣。」

「妳有綠卡嗎？」（眼睛發亮）

「快要有了。」

「什麼意思？」

由於她談起這事的態度稀鬆平常，自然不會設定為辦公室的禁忌話題，午休時間幾個同事在茶水間一起吃便當，聊起彼此的年假規劃。

主管預告自己要到歐洲旅行，另一個同事則緊張的說：「大家都要休長假出國，這樣我們部門剩沒幾個人了。」

「還有誰要休長假？我怎麼沒聽說。」

「L不是要休一個月去美國坐移民監？」

你一句我一句的，過沒多久，L就被約談，因為移民監不是一次長假就能解決的，要是公民資格到手，估計她做沒多久就要離職，綠卡事件在部門內延燒好一陣子，還來不及等到問題浮上檯面，我就先一步轉職到其他公司。

”對同事再怎麼交心都要守著一條線，公私分開才能保護自己。今天的朋友難保是明天的豬隊友。“

或許L正躊躇著該怎麼開口，讓一個月長假看起來像情有可原，也或許她早已打消念頭，正準備另尋它法。無奈同事自行腦補，將先前聽到的私事串連起來，自行推斷別人心態與作法算是無中生有，不管有意無意，最後招致主管的誤解。

並非坦誠才能展現大器的人格特質，也未必毫無遮掩就一定討人歡喜。職場上彼此難免存在著直接或間接的競爭關係，要是有把柄被同事抓住，不管有意無意都算是傷。**先拉出一條底線，別人沒問的事情不用主動說，就算別人真問了，也不需全盤托出，請保留私人空間，這會讓你看起來有操守有節制，姿態更加優雅。**

底線深淺，隨著每個人的尺度不同。在辦公室請務必避談私事，殺傷力最大的是情事跟家事，其次是下班後的生活方式，平時跟哪些人往來、喜歡喝兩杯還是混夜店，這些都可能被拿出來做文章，把私事攤開等於自曝弱點。L的綠卡事件還算事小，被逮到機會直接炒掉的殘忍場面更是大有人在。

職場求生法則

與同事再好，討論私事也請務必點到為止，切記關鍵時刻，豬隊友往往比敵人的殺傷力還大。

工作上的朋友，請離職後再深交。

「威廉，他離職了，我也不想待了。」

參加一場離職同事的歡送派對，吃完飯直奔錢櫃，快歌音樂一下就蹦蹦跳跳，吆喝大夥兒通通嗨起來，慢歌到煽情之處就把燈關暗，含著淚水說想把它獻給在場的每個人。人生經歷無數次的悲歡場面，K歌包廂裡情緒劇烈轉折，幾個平時形影不離的同事，趁著幾分酒意開始大吐真言，說到激動處還會抱在一起哭。

或許是看多聚散，我從一把鼻涕一把眼淚哭說捨不得，隨著年資增長，從原本站在螢幕前嘶吼，慢慢退到沙發最側、靠近廁所踞門的位置，幫忙遞面紙、拍吐，任憑身邊人起鬨也只是淡然。平常互動多的同事靠過來我身旁，嚷嚷著說他也想要離職。

那陣子公司擴編，幾個月內招進許多新人，當時身為主管的我負責兩個部門，沒辦法像褓母一對一細心照顧，於是就把自己當成幼稚園園長，建立出「老背少」制度，讓舊同事帶著新進同事盡快熟悉環境，找到歸屬感就能好好發揮能力，這是以過來人身分理出的一套作法。然而，年資本身就是界線，新同事還是喜歡找新同事湊在一起。

同期生的革命情感在許多看不見的地方互相支撐，他們會自己拉群組，取一些荒唐又可愛的名字，打鬧時不小心說溜嘴，其實還挺有趣的。當時我焦頭爛額地背負著營運壓力，沒辦法感受同事間的小情小愛，見到新進同事能喜歡彼此，倒也樂見其成。

聽到文章開頭的那句喪氣話，蠻想拿起桌上水杯潑醒他，縱使包廂再吵也會罵到對方聽見為止。如此不理智地說退就退，氣對方不成材，趁著幾分酒意我才可以不顧場面，拿起麥克風說：「誒！他說他也想離職。」把真心話用玩笑包裝，聽起來便不那麼傷人。

剛出來工作的我也曾經這麼不爭氣，幫要好的同事打包私人物品，一起搬到公司樓下目送上車，然後自己再躲到廁所裡哭。少了熟悉的夥伴還是得活，擦完眼淚回到辦公室，若無其事地打開電腦，表現出大人該有的淡定。

> 久了，明白自己不是這塊料，
> 每一次都煽情過頭，
> 漸漸清楚感情必須拿得起放得下，職場更是。

試過幾次，還是不習慣送行的難受，決心不讓同事往心裡去，認為下班後的人際關係才是單純，最該花心思經營。看著同事哭哭啼啼，我能理解同期生情節難免，也曾經打定主意不能同年同月同日生（入職），至少可以同年同月同日死（離職），做為職場友情的最高級宣示。

心智年齡不夠成熟的人，往往沒辦法同時處理好做人與做事的分寸，尤其工作前幾年涉世未深，要好的同事很容易同一鼻孔出氣，同進同退。**同進可以，但同退的瘋狂行為就像殉情，要知道彼此是不同個體，就算是同個職位也會因人格特質差異，而有不同的工作表現，離職的姿態自然也不一樣。**對工作沒有期待、也沒有預設目標的人最容易被一時情緒給動搖，覺得工作再換就好，唯有朋友可是一輩子不能放，這種想法實在有待商確。

共進退的原因往往是缺乏安全感，少了對方陪伴就覺得孤掌難鳴。我很常提醒同事：「你是來工作，而不是來交朋友的，你是你、他是他。」先後離職的兩人，工作能力強的一方很快就能找到新工作，另一方若苦無合適的工作機會，始終飄飄蕩蕩，殉情的浪漫總敵不過另一方後悔的殘酷。不管有意無意，最後一生一死的命運往往大不同，感情終會生變，是我的親身經歷。

在辦公室裡動了真感情，把友誼看得比飯碗還重，奉勸這一類人更要學著保護自己。幸運的話，可以把浪漫故事演完，回歸正常的工作節奏。另一種局面則過程驚悚，就算不是自願要走，也因黨派標籤被認定是一丘之貉，碰到人事鬥爭就一併剷除，下場淒慘。

職場求生法則

同事是同事，朋友是朋友，要是真覺得這人不錯，麻煩離職後再深交。同甘苦共患難，最後被迫同進退的大有人在。善感可以，但要保持清醒，職場上沒有永遠的同路人。

太快獨當一面，意味著即將進入停滯期。

先前帶過的新人，我總會定期關心近況，到新的環境能不能適應，現在的工作做得開心不開心。資質平平的人我反而不擔心，只要給予正確觀念，不忘提醒努力，他們在職場上往往都能小心駛得萬年船，緊捧著飯碗的積極態度，表現比誰都穩定。

反而有天分的人最需要追蹤，天生是當記者、當編輯的料，舉凡採訪、專題或企劃，帶著做過一次就會，共事特別輕鬆，不僅一點就通，還能舉一反三。但說也奇妙，這些人的職涯通常走向兩極，找對方法就開高走高；不然就開高走低，浮浮沉沉，有志難伸。

某天在工作場合碰到舊同事C，照慣例跟我報平安，見他一臉輕鬆說到職不到三個月已經上手，老闆非常信任他，不需要太多報備就讓他放手去做，聽起來是好消息。過沒多久，卻聽說他要去另一家公司面試，我主動私訊他：「聽說你想離開，不是做得很好嗎？」

對話視窗另一頭似乎滿臉愁容，時間不過半年就已覺得無趣，C的反應向來很快，做起事來像亂槍打鳥，手法雖不純熟，但比誰都有膽識，願意身先士卒地嘗試，別人還在思考他就已經擊中目標，恰好符合網路媒體求新求快的特質。能搶得初步階段的成功，我並不意外，但這麼快就把熱情給燒完，想換工作的原因我倒想聽聽看。

年資不過兩三年，就能在公司裡獨當一面，對很多企圖心旺盛的年輕人來說，絕對是勵志短篇；但對於做事謹慎，把職涯發展看得長遠的人，聽起來則像恐怖故事的開端。

先說說我自己，人生有幾段經驗簡直是瞎子摸象，沒有前輩帶領，只能邊做邊學，在小公司裡特別容易有這類奇遇。剛練到幾招花拳繡腿，就被推上前線打仗，急就章的工作方式會讓人誤會自己天資過人。能在偌大的舞台揮灑自如，殊不知是因為體制不健全，根本沒有高低標可言，完全看不出程度，禁不起轉職的考驗。

幸虧C生性外向，結交不少同業朋友也熟悉業界狀況，清楚自己程度深淺，不像我當初要換到下一家公司才曉得天高地厚。**無人干涉工作內容雖然自由，但他更期待有個值得追隨、學習的前輩能監督著他，做得不好立刻點出缺失，就算這次順利達標，也能透過討論讓自己更進步。**

短短半年就產生耗損狀況，他喪氣地說：「就只是把原來會的招數拿出來用而已，公司考核沒有既定標準，很容易就達標獲得稱讚。但我還很菜，應該還有很多需要學習的地方。」

> "公司給得了空間，但給不了成長，無人看守的狀況下瘋狂得分，不算是好球員。"

很開心聽到他能早早察覺到自身不足，現階段太快安逸是很不對勁的事。後來C順利被國際媒體集團網羅，前往下一站，他的職涯剛起步，暫時無法判斷是否能順利開高走高，但以這種積極心態，就算薪水跟職位無法立即攻頂，但能讓精神層面始終處於上坡狀態，追求自我提升，亦是成功心法。**懂得踩穩每一步才不枉天分，聰明容易迎來讚美，讚美卻會讓人一時暈眩**。除非退役，否則職涯沒有哪一段不需要進步，自滿容易教人鬆懈。

很快就能獨當一面未必是好事，意味著進步幅度趨緩，即將進入停滯期，停滯期就是一連串的消耗，心力、耐性跟熱情不斷在反覆又沒變化的日子裡，一點一滴流逝。別安於眼前的順遂，就算身處業界龍頭公司，也沒辦法光憑眼前的環境條件來做為標準，表現好壞都只是一時，無法放諸整段職涯，要時常有感到不足的進取心。

職場求生法則

格局大的人通常對自己異常嚴厲，容易感到不滿再想辦法滿足，過人之處通常就是這樣磨出來的。

直覺有時候是鬼遮眼，小心化友為敵。

朋友很愛在臉書分享心理測驗成果，我不太能理解，透過第三方資訊來證明自己是怎樣的人，這種心態究竟算不算空虛？基於好奇，我還是會點進去看那些人們所說神準的測驗，究竟會用哪些話術來說服我。歸納出幾個關鍵詞，只要提到第六感很準、直覺敏銳，通常十個有八個會用日本女高中生吃到草莓蛋糕的音頻說：「超準，我就是這樣。」

直覺有一種魔力，連我那麼鐵齒的人都會深信不已。但職涯裡有太多次誤人誤己的事件，直覺究竟是對、是錯，起初的我找不到解答。

人生所發生的種種都是經驗，足夠的經驗可以歸納出對策，幫助我們判斷好壞。

有陣子，主管見我工作量龐大，增聘了一位同事來支援我，或許是對自己的能力還不夠有自信，聽到有人要來分擔工作，直覺反應是先判斷成「搶」，為求自保而把合作空間封死，心裡將對方設定為競爭關係。新同事A沒有太多業界經驗，得有人帶著她做，表面上，我盡量讓自己表現大方主動，扮演前輩角色。

她的個性溫和有些被動，起初幾天常找不到事做，一閒下來會走到我一旁小聲問：「威廉，不好意思打擾你工作，看你好像很忙，有沒有哪裡是我幫得上忙的？」我做事向來習慣一條龍，突然之間也不知道該怎麼分配工作，半生不熟加上一層戒心，只好送個軟釘子，看著她踩著高跟鞋又縮回座位。

過了一星期，她買了點心跟咖啡給部門裡的同事。好處送到面前，我擠出微笑說：「謝謝，我不用。」偶然聽到她在茶水間誇別人的裙子好看，上班不到一個月，許多行為看起來像是想拉攏人心，自然讓我對她總是板著一張臉。

某次拍攝，我請A幫忙去拿藝人造型用的衣服，搭著計程車直送攝影棚。一到現場想說人都來了，請示過主管能否讓她留下來幫忙，沒想到她爽快答應。知道A沒有太多相關經驗，便先介紹給現場工作人員認識，打過招呼後趕緊分配任務。趁著空擋順便解釋了流程，要如何控制拍攝現場，遇到問題該怎麼解決，心想多一個人支援就讓作用發揮到極大吧，而A的態度也很積極，抓到機會就問。

隔天，進公司發現我桌上有一杯星巴克抹茶拿鐵，壓著一張紙條，A感謝我在昨天的拍攝時教了她不少實務技巧。但我堅信「免錢才是最貴」，不平白無故收好處，趁著人不在，正準備把飲料放回她桌上時，另一名同事走近制止：「威廉你幹嘛啦！就收下吧，A說你教她很多，昨天是她進公司以來最開心的一天，好不容易能跟你一起工作，又不知怎麼表達感謝，才問到你喜歡喝抹茶拿鐵。」

我眉頭一皺，說：「嗯，好吧。」等到A回座位，我走到她身旁說：「謝謝妳的拿鐵，下次不要破費了。」往後共事的日子裡，證明了A是貨真價實的甜心，並非虛情假意。但直覺讓我先入為主導致誤判，演了反派角色，一名苛刻不領情的前輩絕非我想要的開頭。

職場也好，人生也好，在不斷與人擦肩的過程裡，有一套自己的識人之術固然重要，但更重要的是能不被直覺鬼遮眼。就算新同事的舉動看來刻意，至少能鼓起勇氣主動釋出善意，對個性被動且身處陌生環境的新人來說，已經很不容易。

我總會提醒自己，隨著資歷加深，包容力要更深，凡事眼見為憑，尤其對人千萬不要犯了先入為主的錯誤。一開始急著論斷對錯就是主觀誤事，或許你眼裡的馬屁精，其實是生性貼心的人，對人對事都請務必記得要深刻感受之後再做判斷。

職場求生法則

直覺沒有對錯，要知道它只能做為參考。最溫暖的人是能夠放下成見也不預設立場，就算聽過再多惡意耳語，初見面時也能用無比寬闊的胸襟，擁抱迎面而來的新面孔。若能擁有這種能讓每個初見面的人都留下好印象的魅力，要不被喜歡都很難。

刷存在感有技巧，適時出手才不易被淘汰。

到職第一週的任務往往是熟悉工作流程、認識新同事，除了形式上的適應環境，**想給剛上班的你一項功課——請仔細感受四周的工作氣氛，精神狀態務必做到隨遇則安。**趁著記憶保存期限還沒過，回想應徵過程，為自己規劃一份技能分析，對應到職缺需求，沙漏一轉，試用期短短三個月最好要出手準確。

記得剛畢業那年，只要一收到面試通知，我總會拼命想把自己推銷出去，這種積極態度是在我從書裡翻到的，但履歷趨近白紙，能使的力氣有限，連一些不成形的作品都想拿來充數，告訴每個面試官我能做的事情很多，就差沒表演土下座[1]跪求錄取了。由於我大學是設計科系畢業，研究所雖然轉往傳播領域，但學術跟實務終究是兩個世界，要叩進媒體大門只能出此下策。

後來順利進了雜誌社當編輯助理，主要負責文字工作，部門編制大概四、五個人，偶爾也會支援美術設計改稿，本科的技能沒忘，還有一些基本的編排底子，做為工作上的照應綽綽有餘。初期的生存策略是做個最稱職的夥伴，幫得上忙的我都會傾盡全力，越是被需要，就越有存在感，這時期的我還算討喜。

之後，我跨的工作範圍越來越大，從協助變成主事，當部門人手不足，兩個美術編輯忙到焦頭爛額，跟客戶壓的死線迫在眉睫，我自願接下一份小型刊物的編排設計，約莫四頁，主管評估過後便決定放手讓我去做，下班前提醒明天客戶一早要看到完稿。

區區四頁竟耗費我整個晚上，光是熟悉軟體功能就花了好幾個小時，原來「知道怎麼做」跟「熟練」有著天壤之別，無法在短時間內達到業界水平。從六點下班算起，開始編第一頁就已經接近半夜十二點，同事們都下班了，不好意思半夜打擾，燒腦燒到快要短路，邊做邊Google的速度根本快不起來。

好不容易四頁做完，天色漸亮，把完稿寄給主管跟美術總監，騎摩托車回家沖個澡再來上班。一到公司，發現美術總監桌邊放著一袋沒打開的早餐，死命盯著電腦，右手緊抓著滑鼠。看似完稿的頁面，有很多細節跟設定出錯，得再一一調整過後才能夠交給客戶。主管先發信致歉，把交完稿的時間往後挪，再和團隊說，等結案後再一次檢討，並婉轉提醒吃力不討好就是像我這樣。

多年後，我曾碰到幾個購物專家型的求職者，面試技巧跟當年的我如出一徹，把自己當成多功能事務機在銷售。剛好網路媒體那幾年時常鬧小編荒，常遇到履歷洋洋灑灑，聲稱會寫字又會拍照，擁有個人粉絲專頁，懂社群操作，也可以自拍、自導、自剪產出影片的人，面試當下急著把技能一次攤開，明眼人看來，確實會有些不可靠。

”專業，是不需經過太多指導，表現就能達到水準以上。
簡言之，就是兼具即戰力跟品管能力，
不用別人在後面跟著擦屁股的人，
才會被認定是工作能力。“

而不成氣候的能力就請謙虛地說是興趣吧，職場上的興趣助人請以不扛責任做為前提，挑適當時機出手會更加分。

工作剛起步時，若想創造存在價值，就從拿手領域做起。上班第一天要你做的工作技能分析，是為了能更精準地做到公司期待，你來是為了補齊缺口，而完整部門的運作要靠專業，不求人人都要懂得十八般武藝。尤其是編制完整的公司，多半不需要全才，其他領域有涉獵很好，視野夠廣但不專精，再怎麼發揮還是有限。

老是幫倒忙，這在試用期會成為污點，自告奮勇換來吃力不討好，既定印象一旦成立就很難洗去，最完美的夥伴永遠是被放對位置的拼圖。

註1：土下座，即日式叩頭，行禮之人需以雙膝跪地、以頭觸地。

職場求生法則

別把工作技能給一次梭哈，不如挑個適當時機出手會更加分。讓你的存在價值變得不可取代，與其樣樣都好，不如先建立能力上的個人識別度，讓團隊少了你不行，自然就安全了。

不擅長的事達標就好，排斥等於壯大它。

每逢月底，我的心裡總會壓著兩塊大石，一是戶頭見底讓我寸步難行，連買杯星巴克都要考慮再三，幸好後來便利商店引進咖啡機，還能保有一點上班族的尊嚴。能夠手拿一杯熱拿鐵意氣風發地走進辦公室，是我的戰鬥力指標，就算一整天過得再窩囊，也都能支撐下去。

另一塊大石是做報表，例行月報跟帳目是讓我屢戰屢敗的大魔王。對文組畢業生來說，打開 Excel 就像要跟前任見面，事先得做很多毫不相干的準備，多半是無形的心理建設，像抽菸、深呼吸、去樓下買杯飲料犒賞自己，前一晚要睡飽，再三確定這段時間都無人打擾，等到無路可退就一鼓作氣地衝到廁所。

洗把臉，告訴自己再躲下去不是辦法。回到座位戴上耳機拿出一疊滿滿的文件跟收據，滑鼠點擊兩下就備戰位置。每個月截完稿，還不是開酒慶祝的時候，照著公司流程，我得先結完帳並填妥相關表格，送交主管跟財務部門，隔月薪水才會順利入帳。

想企劃案、採訪、寫稿、拍照、做造型，編輯的職務範疇都是喜歡的事，一路走來心懷感恩，能夠把興趣跟工作結合，已算幸福。偏偏一聽到報表就手腳發軟，數字向來不是我的強項，看到數字，腦袋會先空白十秒，月底總是盯著螢幕發愣，必須拖到最後一刻，整疊單據才隨著公文夾送出。

天真如我，曾洩氣的說薪水少給一點沒關係，但可不可以把報帳、填寫單據的行政工作分出去，立刻被主管推頭並用訓斥口氣說：「在講什麼傻話，趕快弄完趕快下班。」**在體制內做事，所有流程都得文件化，規模越大的公司越是，再怎麼抗拒也無**

濟於事，只得乖乖聽話，就算被迫也必須做到仔細，以防出錯重來，承受二次崩潰。

我的習慣是空出一整天全神貫注地處理表單。要是當月出差，單據就會像病毒增生，需要加碼到兩天才能完成。後來，我決定想個辦法讓它做起來不費吹灰之力，靈機一動，跑到辦公室另一頭，請教全公司跟 Excel 感情最好的財務及管理部門。趁著工作空檔討教，果然經高人指點不一樣，學到分散處理，把每月例行填寫的表單攤到每一天，不再累積到月底一次核銷。

趁著剛到職熱情滿滿，心理狀態還算健全，**想辦法將不擅長的工作項目變成流水帳，讓它存在感小到像是把物品順手歸位般的輕鬆簡單。**

”別拖也別消極應付，看起來微不足道的煩惱，也有可能成為心魔，壓垮我們對工作的熱情。最後任性想丟掉整個便當，活活餓死的大有人在。“

工作不像自助餐，可以只夾自己愛吃的；反而比較像配菜隨機的便當，會提供雞腿或排骨的主食選擇。如果扯開橡皮筋，一打開發現有魯蛋、有高麗菜、有豆腐，還有最惹人厭的三色蔬菜，沒辦法任性不吃，該怎麼辦？**對於毫無興趣，甚至稱得上厭倦的工作內容，多數人會先選擇逃避，但逃避無濟於事，繞了一圈還是得面對。**結算月報的例行公事就像便當裡討厭的配菜，既然扔不掉，就正面迎擊吧。

當職位越爬越高，工作更是沒辦法說放就放，做不來就換的心態，說穿了是知難而退，遇事就閃，會讓人到頭來一無所獲。**練就不挑工作的本事，才能走到哪都容易生存，很多職場基本功都是食之無味、看似無聊的工作項目，卻經常意外受用。**若換成自由接案身分，凡事都得靠自己，更需要不挑食的積極態度，慶幸當初耐著性子理出了一套應付恐懼的能力。

職場求生法則

不可能會有一份工作會是完美，職責內容一定有擅長與不擅長，若嫌無聊，肯定是你把工作想得太簡單，想追求越高的成就越急不得，務必要有看透風景的耐心。試著把注意力放在擅長的事情上，不擅長的達標就好，排斥等於是在壯大心魔。

過度仰賴熱情，就是逃避現實。

選秀節目讓我們了解到適者生存的遊戲規則，就如同招募進來的員工未必適用時，雖然沒有固定時間就得送人離開的淘汰機制，但職場何嘗不是現實，該去該留由不得人。

學生時期，我們幾個從南部上來的同學感情特別好，聯繫從沒斷過。A是高雄人，我們一起在系辦打工，她太漂亮了，漂亮到像老師傅手工精刻的石膏像，觸感細細滑滑，個性也是。而我就是一根鐵槌，一頭尖一頭平，動不動就敲敲打打，靠蠻力創造存在感。收到她的喜帖我特別開心，婚宴當天，特地南下高雄，同桌全是多年不見的南部人，我坐在C跟M旁邊，臉書上的熱絡讓我們彷彿昨天才見了面。

「我們到底多久不見？」

「嚴格來說，是從畢業典禮的隔一天算起。」

撐不住北部的溼冷，同桌的同學畢業後紛紛選擇回到老家生活，剩我一人還在台北拚命。一心想證明自己，面對陌生可以無懼，總有一天會強大到足以擔起大小事，斬斷後路的決心讓我做起事來特別有韌性。

”不論生活還是職場，要能在不熟悉的環境生存，光靠一時的熱情行不通，得先學著接受現實。“

順應殘酷，萬一跌落谷底，只要沒退，都還有勝算。堅持不了到最後，前面說再多的熱情都是空包彈，升上主管後的我從制高點看，特別有感。部門內的E總是讓我又愛又恨，能力不錯，可惜做事投機，總是撒一些不成氣候的謊。要是績效達標，我會睜一隻眼閉一隻眼，但他已經連續好幾個月表現失常，拖稿情形嚴重，辦公室流言指出他正積極投履歷，想跳槽到其他公司，同時有好幾個人來告狀他私接外快。

我向來有話直說，而E也沒打算隱瞞，耐著性子聽完一整段中二發言，但顯然他已無心在此，再多好話都聽不進去，只是不耐煩地回說：「我就是不想做了。」一面對情緒性字眼，成年人不允許用直球對決，我說：「嗯，我明白了，下星期找時間再談，你先下班。」讓彼此冷靜，同時也騰出時間來思考人事異動的應變措施。

回到位置，先喝兩口咖啡壓壓驚，我決定不跟人資報備談話結果，想賭一把慰留他。到職一年多的E，職責範圍算駕輕就熟，曾提出想跟其他同事交換工作內容，無疑是自殺行為。不僅能力規格不符，對我來說，等於要重新訓練兩個員工，時間跟人力狀況都不允許我冒這個險，況且，如果每個人都可以隨心所欲選擇工作內容，那麼，挑剩的誰做？

「威廉，我對這份工作好像失去熱情了，做什麼都好沒勁。」

「當初進公司前，你設定的目標都達到了嗎？」

不急著確認去留意願，面對一臉厭世的他，我想找出當初的熱情源頭，於是翻了他求職時的履歷，當時仍是個充滿理想的年輕人，而此時此刻激情熄滅的無奈，反應在開高走低的工作表現。當時的面試主管，對他開了不少空頭支票，不光是找圖寫文案，還承諾他可以接觸造型、訪問藝人、拍攝專題，至今卻一項都沒有兌現。

還不及淘汰邊緣，就因為熱情消失，選擇自爆。

之後歷經人事改組、部門擴編，有比他更優秀的員工加入，眼看離目標越來越遠Ｅ才開始動搖，嘗試跳槽卻又不斷失敗。可惜這裡是職場不是學校，還有回家當作退路，放棄了這一次，還會有下一次，到底用熱情來支撐工作是自欺欺人。我試著把E拉回現實，談談這一年多的收穫，距離理想除了運氣，還少了什麼？

於是反問他：「你的熱情來自哪裡？」E躁動的情緒終於平靜，接著我提醒他工作的動力應該是成就目標，而不是體驗新奇。職場不是遊樂場，熱情確實在我們入門時推了一把，要走到目的地總不能光靠一時推力，這裡是戰場，要輸入的指令是「活下去」。**能一次、兩次把同件事做好是投機，能把一件事情做好十次、二十次不夠，做一百次都不出大錯才是實力。**

職場求生法則

職涯是一段漫長的路，得把目光放遠，設定好階段性目標。熱情是興奮劑，可以讓人再辛苦也不覺得累，但過度依賴就像灌自己迷湯，終究是不切實際。倒不如回歸現實，拿出韌性直接面對，才能練就生存真本事。

讓資深同事告訴你公司的生存之道。

從上小學開始，我總是自願舉手當班長，樂於領導大家，不管換到哪間學校都一樣。就算不當幹部，我也會拿著曹西平的哨子吆喝眾人，學生身分包袱不多，可以義無反顧地衝，管他目中無人還是自信有餘，都能解釋成熱血。

青春嘛！就算滾燙程度足以灼傷自己，也灼傷旁人，幸好年輕，傷口痊癒得快，很快就被其他事給沖淡。**雖然天真帶不走，但出社會後再有狂妄，現實會立刻抱以重拳讓我們清楚天很高、地很厚。**

”生存不是靠著將別人踩在腳底，和諧共生才是更好的選項。“

職場是一池深不見底的水，一不小心就會溺斃。頭幾年工作時，我仍保有該死的赤子之心，每到陌生環境總是魯莽，遇到好同事便百般配合，運氣不好就一塊鐵板飛來，敲得我頭破血流。靠著蠻力闖，總換來一身傷。

時間久了，一到新環境沒本錢再如此天真，每次都花力氣白目，再花力氣收拾白目，哨子還沒拿出來就已經氣若游絲。初來乍到的我想把屁股坐熱得靠點巧勁，**要當上領導者之前，得先學著當追隨者，就算是天生神力可以無師自通，但千萬要記得找資深同事，探探新公司的深淺。**

記取先前教訓後，我決定找識途老馬帶路，剛從傳統紙本轉到網路媒體，有些生疏，再加上沒有太多實戰經驗，頭一個月不惜用雙倍時間摸熟網路生態。月刊雜誌以三十天做為週期，新聞網站則沒有週期可言，二十四小時都在戰鬥，當時恰好趕上臉書的粉絲團盛世，流量像山洪暴發，靠著文章做為渠道引流，點擊率換成現金的商機太銷魂。

多數網站的經營策略是擴編，聘請更多小編產出更多內容以換取流量。若非抱著打死不退的態度，決心不再走回頭路，上班第二週就開始加班的苦差事我肯定不幹。但比起把事情做好，讓我更傷神的是怎麼搞定同事，要一下子跟大夥兒打成一片，裝熟行為我辦不到，但我想了解每位同事的行事風格，這讓溝通順暢絕對有好無壞。

某天加班到九點多，辦公室剩我一個，聽見有人開門，原來是業務部經理結束晚餐，回公司整理隔天的開會資料。到職不過一個月，熟人僅止於鄰座同事，而經理是全公司僅次於老闆待最久的員工，向來我都會刻意防守，不輕易在老鳥面前太做自己，深怕一個不留神就踩到地雷。

趁辦公室只有我們兩人，順勢討教起客戶狀況，沒料到話題就此超展開。當然不是深夜辦公室的謎片情節，這一聊就是三個多小時，從公司草創時期說起，從營運狀況講到人事流動，掏心掏肺到連做雜誌的理念與熱忱都翻出來坦誠相見。見氣氛融洽，我便單刀直入的問：「流動率那麼高，為何你還留著？」

他說：「一半是熱情，一半是習慣。」

剛轉換領域的我多的是熱情，於是厚著臉皮進一步討教如何「習慣」這裡。他毫不藏私，分享每位同事的做事習慣跟底線，從上到下，包括會計、編輯、業務，甚至教我要讓生性保守的老闆，付出成本嘗試新方法，得先用績效來做為敲門磚，備妥業界實例（最好是競爭對手）來推估盈虧，利多於弊就很有機會被放行通關。

這段談話彌足珍貴好比口述史料，**從公司元老口中說出來特別具說服力，省去我不少力氣一一試探，更避開失敗風險。**第二個月還沒結束，我不僅將手邊工作處理得游刃有餘，很快就找到跟同事們的合作默契，雖然人手不足，但有團隊齊心的加持，工作量雖重但也不是太大問題。

有次在茶水間碰到老闆，突如其來的一聲感謝讓我相當窩心：「威廉，能請到你是公司的福氣，同事們都很稱讚你，也很喜歡你，只要你願意，相信這段合作關係會很長久。」那是我到職第三個月的第二週，試用期提前通過，多虧有老馬引路，才能不費吹灰之力就探出生存之道。

職場求生法則

每到新環境，要將工作做得稱職，千萬別花力氣白目，靠點巧勁多詢問資深同事，了解主管與同事們的行事風格，絕對是利多於弊。

Chapter 3

工作不厭世的求生指南

別人的成就不屬於你，若想要有一席之地，請按部就班地努力掙、努力爬，職場如戰場，務必拿出真本事戰鬥。

努力是應該的，別老是拿它來說嘴。

「此刻的你，想回過頭跟剛踏出校園的自己說什麼？」每隔一段時間，我都會拿這個問題問自己。

一個連拍畢業照都姍姍來遲的人，實在無法從大學生活給出什麼忠告，畢業冊同學的留言寫著：「人稱小聰明達人，著有設計系求生法則之旁門左道一○○招。」只求順利畢業的我，大學後半段爛尾，好一陣子我茫然異常，直到決定轉考傳播類研究所才看清前方的道路。

對我來說，畢業是個相當重要的分水嶺，攸關往後的做事態度。得到第一份工作的時候我興奮異常，握著拳頭打算好好重新做人，我跟自己說：「在學校對得起自己就好，接下來的人生即將走入職場，我要你學會對得起別人。」

頭幾年，一顆玻璃心還沒磨成鑽石，只要聽到別人要我砍掉重練，就會嘔氣嘔到窒息。起初會急著向主管辯解過程有多辛苦，希望手下留情放寬標準，不要讓我全部重改。久了，開始對上級指示不服氣，解釋變成爭辯，立場踩得硬，極力想捍衛自己的觀點，然而，過程再怎麼激烈通常改變不了結果，還是得耐著性子重新來過。

”職場上，未達標準等於出包，一次又一次的退回其實是給我機會彌補，卻不懂這是善意，能夠重新來過是好事。“

終於，我把打死不退的態度轉化為達成高標，不再強辯理由，一倍努力不夠，我就兩倍、三倍地往上疊，只為了一次過關。曾經半路接手同事的藝人專訪，事後整批照片被總編輯打槍，桌機一響，我走進他的小辦公室：

「照片全部都不能用，從場地選擇、服裝搭配跟人物態度，全部都不是我們雜誌的風格。除非重來，不然我得抽掉這篇專訪。」

「藝人已經回美國，有沒有辦法將頁數減少？專訪還是照刊，因為要訪到他不容易，對方還為此特地飛來台灣。」

「我沒辦法管那麼多，我的職責是控管結果。總之，這些照片不能刊在雜誌，你想辦法跟經紀人溝通。」

「可不可以通融一次，我們討論看看折衷方法？」

「我能通融的就是重拍，你哭也沒用。」

「可是我已經很努力了。」

「那表示你努力不夠。」

友藏[1]的漩渦將我吸到地心狂轉，這麼大的人還是不爭氣地紅了眼眶，十分自責。總編反問事前做過哪些功課，要我把拍攝過程一五一十說清楚，最後發現盲點不在於事情本身，而是我以為的夠仔細、夠努力，說穿了是標準太低。

走出辦公室前，總編輯特地提醒我工作上別太有自信，**嘗過失敗的苦果後別忘了「不二過」，聰明的人不容許同件事錯兩次**。回到座位，硬著頭皮打給經紀人說明照片問題，先為自己專業能力不足道歉，提出希望能有機會重拍。對方破口大罵是預料中的事，只能不斷賠罪再賠罪。掛上電話，我撥內線給總編輯，轉述對方說永不合作，擺明是撕破臉了。

總編輯深吸一口氣回說：「那就這樣吧！這是一次很好的教訓，你要記住。」後來我成了別人的主管，扛著同樣責任，在一群毫無資歷的編輯新手裡，巧合遇到彷彿當年善辯不服輸的自己，糾結在自認努力的迴圈裡走不出來，從消極、挫敗到刻意唱反調，進而煽動他人，明著不行就暗著來。

離職後，幾個帶過的編輯說這才知道我是好人，只是不明白當時為何要處處刁難，時常退稿、要求重寫又完全不聽解釋。我感嘆地說：「**每個人都覺得自己夠努力了，可是工作認真本來就是基本，有標準才會有要求。**我願意花時間討論、找出方法，工作量龐大不允許我們白費時間，解釋之後還是得重做。而且一篇稿重寫三次，我就得花三倍時間看過三次，到底是誰在刁難誰。」

當年被勒令重拍的挫敗感一直沒忘，往後的我絲毫不敢有得過且過的心態。誰不是卯足了力在職場上拼搏？如果不是，那樣的環境就不值得留。要成就強大的團隊，得確保每個成員都拿出最好的表現，辦不到就是扯後腿，註定會被淘汰。

註1：日本知名卡通《櫻桃小丸子》中小丸子的爺爺。

職場求生法則

回過頭看踏出校園的我，同時也是初入職場的我，最希望當時能早點明白這句「我已經很努力了」一旦出口，就表示自己做得不夠。失敗就失敗，別拿努力來說嘴。

專注是把無形刃，能夠幫你鏟除眼中釘。

同事K一走出老闆的小辦公室，眼眶泛紅還殘留一點淚光，就知道他剛使完苦肉計。接著就看誰的桌機先響，大概可以推測兩人剛才談話的內容，應該與近期跟某些同事在工作上的摩擦有關。所有人心裡都有底，待會誰被叫進去，肯定會臭著臉出來。

拿別人的內線消息來獻祭，實在很令人困擾。打小報告的人，不管在學校或在職場，都不受同儕歡迎，偏偏這種人生命力強韌，往往在組織裡最能生存，不管明的、暗的、硬的、軟的，我試過幾次想解決「抓耙子文化」，不僅無功而返，還耗盡血條，最後只得留著一口氣喊冤。

「威廉，你是不是不喜歡Ｋ？」

「沒啊，怎麼會這麼問？」

「因為每次他跟你講話，你都很不耐煩，特別冷漠。」

自以為藏得夠好，對同事Ｋ的反感還是騙不了人。基本禮貌我辦得到，不過一忙起來，身體太誠實，不耐煩或冷漠便直覺反應。對同事的喜好太過明顯，這種個性讓我吃過不少虧，還好崎嶇的路走久，我順理成章變成識途老馬，知道**凡事要淡然應對，遑論喜好，不管心裡有多少雜念，一律得一視同仁。**

一旦對外洩露不喜歡誰，很弔詭地，就會形成一塊巨大的負面磁鐵，任何關於他的不好，都會透過所有管道迎面而來。聊公事聊到一半，同事總會有意無意地語帶暗示，最近Ｋ有哪些荒唐行為，聽說他要接任我的工作，有傳言他要升職等等。或許是熱心，但聽在我的耳裡特別敏感，這種話題要是多了，心會很累，通常我會出言制止，加深嫌隙對彼此實在沒有好處。

因為，討厭一個人可是很費力氣的。

早些年，我還沒那麼沉得住氣，對非我族群的同事習慣保有戒心，自然而然劃出一條護城河，將不對盤的人隔開。在我眼中，喜歡打小報告、抱老闆大腿的人要相安無事絕不可能，正義感作祟，我總會想辦法防堵事情發生，跟在後面消毒，希望要好的同事不被影響，更希望辦公室裡的中間選民，可以看清真面目，知道要提防小人。

同時間，我還會想盡辦法搜集人證、罪證，等待時機成熟就一次舉發，擬定一套作戰計畫，暗地裡積極進攻。看到討厭鬼的嘴臉實在鬧心，要假裝沒事共處一室，這我辦不到，捲起袖子拿掃把用力一揮，將他掃出公司大門，是腦海裡不曾斷過的想像，可惜天不從人願，我的正義不曾伸張成功。

反而在耗盡心思對付的同時，顧此失彼，忽略掉原本該做好的工作，太多小動作占用掉做正事的時間。**耳語雖然煩心，但力道有限，只要不礙事就應該置之不理，千萬別誤了工作。**流言成真就等著黑上加黑，背腹受敵的下一步就是四面楚歌，他沒走你卻先走了。

野心大的人請拿出真本事壓碾，死鬥結果就會演變成誰去誰留的人事題。公司對員工的信任建立在績效貢獻，表現好的人說話自然有份量；表現不好，就算握有再多證據，旁人看來反而像是刻意扯後腿，縱使再有過錯，最後一定是對方被保留，每一次都是。

“不攻自破是不見血的戰術，比起憎恨對方、引戰更好的對策是「無視」。”

知道K處處挖坑我並非全然無感，要說不在意，有點勉強。職場裡有百種人，我雖然表面又硬又直，骨子裡敦厚容易心軟，不愛惡鬥，於是決定採折衷作法，試著用最和平的方式來拔除心頭刺。專注在眼前工作，用更好的表現來破除流言。我不憤怒，也不因誰相信了他而灰心，而是把聽到耳裡的負面傳言當成警惕。成效至上的職場環境正好是我急需的助攻，當對方的各種手段襲擊而來，我就當成練練膽。

職場求生法則

做大事的人不能太容易被小奸小惡絆倒，要展現過人一等的心理層次，花在討厭人的力氣太無謂。就算是敏感體質有陰陽眼，也要練習無視妖魔鬼怪，專注是一把無形刃，能幫你鏟掉很多眼中釘。千萬別顧此失彼，在意過頭而影響到該有的表現。

上司與部屬如婆媳關係，處不來對自己百害無一利。

二〇〇八年北京奧運前夕，各家媒體搶做奧運專題。在約莫二十人的會議，所有部門主管跟老闆都在，無不絞盡腦汁，當時我到職不到一週，突然被點名要丟個想法出來。我建議印製賽前快報，製作結合台灣、中國跟香港三地的明星選手專題，先炒熱一波氣氛。

業務部的主管先是叫好，總編輯稱讚想法不錯，提議將快報拿到比賽會場人工發放。我急忙提出不可行之處，因為賽程太多、場館占地太廣，印量跟派報人力很難估算，將是一筆很大的開銷。總編輯建議挑重點賽事發放即可，我再補一句：「我怎麼想都不可能，哪些是重點賽事，到現場要站在哪個點發，在賽程未公布前，我們完全沒概念。」

見他突然一陣語塞，氣氛安靜到連額頭上的汗都滲得出聲音，旁邊同事踢了一腳，示意閉嘴。我不懂為何緊張兮兮，不就是討論嗎？午餐外出，同事見四下無人拉著我說：「你剛剛好猛，是在打老闆的臉嗎？」聽到打臉，我立刻驚醒，回想剛才對話確實沒留情面，也沒察覺到對方（而且還是主管）的情緒轉折，聽起來像得理不饒人，瞬間黑掉。

年輕氣盛不管在哪個環境，從沒想過融入，向來我行我素，堅持自己一套「對的」做事方式，回頭才發現這叫自視甚高。太靠感覺行事，連與人相處也一樣，造成兩極評價。職涯裡，處得來的跟處不來的同事與主管，比例各半很有個性沒錯，但成為銳利的人，其實對自己百害而無一利。

同理心不僅是對弱者，更要拿來對待每個在職場上與我們交手的人，讓對方

感受到彼此站在同一陣線。就算觀點不同，不認同彼此的做法，也可以透過情感來軟化原本針鋒相對的氣氛，騰出一點溝通空間以尋求共識，有好無壞。

> 跟自己主管處不來，這份工作早晚要丟。

比喻為婆媳關係，會找到許多解套方式。若主管愛碎念不做事，為人下屬就多擔待一點，讓他沒有你不行；若主管觀念陳舊又不肯改，處處壓著你，多少是對自己能力沒自信，配合著扮演弱者是高明的體諒，默默努力別刻意爭輸贏，學習以退為進。

不給機會出頭的主管就像惡婆婆，在他眼中，你不服管教又老是唱反調，自以為很行，就像個不孝媳婦。當惡婆婆遇到不孝媳婦，免不了是一場戰爭。一個家老是吵吵鬧鬧不能算幸福，既然你們一前一後都把青春給了這個家（公司），光想就覺得心酸，應該要抱在一起哭才對，不該選擇鬥爭。

主雇關係的權力層級非常絕對，一旦形成對立可沒那麼溫情。並非為人部屬就要有奴性，聰明人知道看場面，挑起爭執沒有半點好處，就算處處占上風，最後將對方狠踩到底也只是一時爽快。去留大權操之在主管，誰輸誰贏還不知道。

既然要生存就要避開任何不利於己之事，想在同儕間做到出眾，得花上不少心力。倘若主管無法成為助力，還反過來想辦法推你落馬，那是最不樂見的局面。

我明白掉漆的主管，很常讓下面做事的人很辛苦，最差的情況是合則來，不合則去，但通常去也不會是他去。那場會議結束後，我敲了兩位主管的門道歉，其中一位是當初面試的主管，還有一點包容空間，他說：「威廉，你的建議其實沒錯，但表達方式會讓人覺得主管們好像都很笨。我不像你聰明、反應又快，而且年紀大的人需要自尊，下次打臉請溫柔一點。」

當下我頭更低，讓長輩吐出這番話，非常尷尬也非常愧疚，道歉不夠再彎腰鞠躬。此時放軟姿態雖為時已晚，但良性溝通可以修正問題、讓彼此覺得舒服，是我持續得好好修練的本事。

職場求生法則

惡婆婆的行為再荒唐，學習對不合理的事情妥協，會讓人輸了局面卻贏得信任。就算你內心認定對方沒水準，或許一起做錯、一起修正、一起成長是職場上必要的浪漫。

別輕忽承諾，別人的時間更是時間。

「不好意思抱歉打擾，已經二十號了，說好今天要給出進度，我上午開信箱都還沒收到，請問手上的案件狀況還好嗎？。」

「我知道啊，到晚上十二點都還是二十號呢。」

「……。」

以上出自我跟合作寫手的對話。由於業務量過大，因而委託部分內容讓他執行，外包給資歷夠的前輩多少可以安心一半。沒料到交件日一到，先是失聯，好不容易用無顯示號碼的門號打通電話，資深的大前輩突然間厚著臉皮耍賴，讓我手足無措。

躲件像躲債，天災人禍都能釀成遲交的理由，早年常聽到硬碟損毀，電腦當機或中毒無法工作，家裡附近電信業者施工導致網路不穩，或是手殘誤刪檔案、隨身碟格式化都時有耳聞。要不然，就是傷風感冒四肢無力，要帶家中小孩老人去看醫生；甚至遇過直接說自己失戀，沒心情工作要我再多給一點時間。

身邊不乏有被虐體質的創作者，交稿的死線逼近才能激發靈感，趕得及還算好，我聽多了三催四請、用盡各種荒唐理由推託，最後人間蒸發，等到作品完成，才又風塵僕僕的降臨凡間，出現在世人面前。只能安慰自己說對方是藝術家性格，生來不愛拘束，追求隨心所欲的灑脫。

信用是凌駕於能力之上的職場守則，對於接案維生的自由工作者更是。

職涯前期，我是見到棺材都還不掉淚的重度拖延症患者。待在體制做事有個好處，背後有公司當靠山，一出紕漏有同事幫忙善後，再離譜總有個限度。但自立門戶的命運就大不同了，凡事得靠自己，沒有外援。有一陣子無案可接存款見底，厚著臉皮回頭去找合作過的廠商，藉著佳節問候，趁機試探有無再度合作的可能。其中一位熟識的窗口，或許是多了一層朋友關係，在對話框裡直言：「威廉，你的作品質感很好，但上次拍攝遲到我們主管很介意，事後交東西也是三催四請，那次之後，我們就決定找其他人了。」

> 時間管理失當是最常見的信用缺口，玉石再美，也會因瑕疵而失去價值。

崩潰無濟於事，必須立即修正自己的缺失。珍惜機會不是嘴上說說，於是我開始將專案管理的技巧應用到生活與工作，不論大小，每個合作案都製成表格，列出清楚的工作項目，每一項都有獨立的時間表，作業流程盡可能做到仔細，按表操課。時間管理最大的敵人往往是自己，別太看得起粗估的工作效率，要拿出最佳狀態當基準。例如，三小時做好一份企劃案，一定要精算到這三小時是全神貫注，還是東摸西摸才能完成；最後能交出十頁或二十頁，而當中的內容又有多紮實，才能為產值做最有效地配速。

至於需要動員其他人的大型合作，我會問清楚工作人員所需的作業時間，事前協調並預留應變空間，不壓著死線做事，在有餘裕的狀態下合作，才有可能將成效拉到極大值。用大半年的時間，展現不超時也不拖延的專業態度，才總算贏回所有人的信任，培養出不間斷合作的死忠客戶。

掌握時間只是承諾之一，說到做到聽起來簡單，要真正實踐才顯得可貴。雖不至於開天窗，但合作起來心驚膽顫的結果就是不會再有下次，無論作品如何出色，被拒絕往來也是早晚的事。**治療拖延症我自有一套解決方式，把截止時間往前提，對自己、對別人都別鬆口真正的死線，預留至少三天到一週的工作日做為轉圜。**這是那些年在職場放羊的孩子（包括自己）教會我的事。

少不更事時，沒見識過承諾的重量，搏得通融就覺得僥倖過關，沒料到一次次有意無意的欺騙，讓許多共事過的人對我失去信任，等遇到突發狀況，真真切切需要轉圜餘地時，卻礙於先前有太多不良紀錄，反而無力回天。

職場求生法則

隨著職位越高，越能感受一諾千金的必要。不管是體制內或體制外，對上或對下，明白所有合作關係都建立在信任感之上。別輕忽承諾，給人留著好印象，就算萬一出包，仍能保有改過的機會。

釋出善意，讓每個人都喜歡與你共事。

由於個性耿直，容易說話不長眼，我時常讓過度真實的反應成為流彈誤傷旁人，損人也損己。放槍習慣一時要改也改不了，就乾脆收斂起來，只敢在熟人面前盡情做自己。乍到新環境時，索性躲進古墓當小聾女，不問世事，無奈只要人在的地方就有江湖，既然選擇加入體制就沒辦法置身事外。於是我埋頭苦幹，用寡言制衡失言，上一份工作曾犯下的錯，這一次決不再犯。

職涯路上經歷太多次的派系鬥爭，我卻始終無法久病成良醫，反而消極逃避，發現苗頭不對就立刻劃清界線，深怕沾惹到一丁點政治色彩，不管躺著、坐著、站著都擔心中槍。到職第二個月，經由鄰座同事邀請，我加入了每個公司都有的地下群組，成員不外乎是扣掉管理幹部的所有人，還有少數同事不會在內，至於為何不在群組裡應該很好猜到原因。

私下慶幸自己通過測試，進入基層同事的信任圈，群組話題多半是垃圾話跟抱怨，偶爾有小道消息可以用來趨吉避凶。遇到批評主管這類辛辣話題，我便選擇默不吭聲或打哈哈帶過，遇事隨和不亂出主意，是我的不沾鍋守則。

”無論再怎麼個性內向、孤僻，千萬不要在團體裡面成為個體。“

學習先從與少數人互動開始，不用急著掏心，但至少要保持友好關係。別一開始就排斥人群，自我邊緣化，單打獨鬥很耗神。並非盲從附和就是保命符，選在危急時刻展現智慧，刀沒砍到自己身上都別輕易出手，糾紛難免，要學習無動於衷，地位才能穩如泰山。

不清楚新公司的權力脈絡，同事們總有意無意地批評早幾個月到任的新主管，對此我其實相當無感，畢竟自己也是菜鳥一隻。當部門同事發動連署到老闆辦公室請命，以不適任為由辭退的革命行動，為不枉費前面中過的槍，我一開始選擇不參與，沒料到竟被質疑是新主管的人馬，為了不被孤立，最後只能選邊站，在那份請命書上簽名。

天不從民願，老闆震怒之下整件事進入檢調程序，簽名的同事一一被約談。我據實以告，表明礙於群眾壓力加上不想被貼標籤，才昧著良心簽名。這件事我處理的非常不妥，導致裡外不是人，有好一陣子總是默默上班，再默默下班，同時間找新工作，打算遠離是非圈。

當時的我抗拒交際，事情做完人就走，卻沒想到這才是真正的對立。所幸鄰座是一位善解人意的同事，不管做什麼總是拉著我一起，不時送來溫情關心，讓我不覺得辦公室如此冰冷。於是決定改變策略，就算要走，也不想是因為被鄙棄而離開，希望每個同事都能感受到我的好、我的認真。不沾鍋策略失敗，上頭還卡了半生不熟的食材，不如加點水用慢火煲出一碗好湯，暖暖大家的心。

化被動為主動，有忙就幫，碰到需要合作的工作項目表現得積極，就算自己的部分已經收工，也會留下來一起討論、復原場地，確認每個人手上的事情都做完，才放心離開。坦白說，我很喜歡改變心態後的工作氣氛，每一天都像是有一件好事正在發生。

人際關係是很微妙的頻率共振，放在職場就能以利益導向將它明確化。當你能夠創造出正面的工作氣氛，盡力表現出該有的水準，自然就不會有人去計較選邊問題。**人人都樂於與你共事是公司最重視的存在價值，相較於工作表現，那些破事顯得微不足道，這才是職場上最該有的態度與智慧。環境越是陰暗，你越是要能夠發光**，當每個人拼了命都想向你靠近，花若芬芳蝶自來的道理自然就能感受到。

放下無謂的臆測與偽裝，原本的我就是積極熱心，一路維持該有的良好互動，留下好印象。這讓我離職後還有老同事相助，盡他所能地發案子過來，那段轉職空檔才不至於難熬。

職場求生法則

抗拒交際像自斷活路，職場有很多機會是需要靠人際牽成，儘可能跟每個人保持良好互動，千萬可別傻到樹立敵人。

與其據理力爭，不如讓事情發生。

轉到網路媒體後的我有太多事必須學習，最受用的是學到讓錯誤發生，失敗的回饋才是珍貴。我原本所在的紙本媒體算是傳統產業，做事規矩像工匠技法，歷經世代傳承的手藝不容許誤差，最保險的方式就是照著前輩們所積累的SOP執行，才能不失完美。

「一直以來的堅持」成了最終教義，感染著在傳統產業做事的每個人，久而久之，對自己的技術跟判斷眼光，也有著同樣不容退讓的職人精神。升上主管的我做事態度更加嚴謹，字字句句擲地有聲，擁有不可撼動之觀點跟決策力，是我一直都想成為的人。

從原先有著傳統紙媒做內容的匠心，到網路媒體的頭一件事就是調整質感。看起來像是大量的複製貼上，語意不順又錯字連篇的文章，通通請編輯退回重寫，圖片品質也很要求，挑選的眼光跟產出的能力都是我訓練編輯的範圍，初期獲得不少讀者的正面回應，讓我增加不少信心。

> ”過度自信會讓自己成為最令人反感的老古板，冥頑不靈又只敢打安全牌。“

品質顧到了，再來就是量，靠著大數據來判斷內容好壞，竟成了所有挫敗的開端。好幾次精心製作的專題最終網友不買單，點擊率寥寥可數的情況越來越頻繁，這讓我在與其他部門主管溝通時爆發爭執，究竟誰該聽誰的，各說各話的結果演變成檯面下的角力，不僅比實力也比運氣，每個人都在賭自己的眼光。

年輕的同事總有些稀奇古怪的構想，一會兒想拍影片，一會兒想做冷門專題，要不就是採訪追蹤人數稀少的半素人。能不能落實，我總會用經驗去判斷，多半基於勞民傷財，又看不到立即成效而被我打槍。久而久之，我成了很難溝通的主管，三兩句就一桶冷水往人頭上潑，讓對方知難而退，在一堆舊方法裡攪和，不想做的就丟給其他部門主導。

「你看吧！我早就說了。」

這句話開始出現得頻繁，同事之間就等著事實說話，看誰說的對，你來我往不算良性競爭，反倒像多頭馬車，僅是虛應形式的討論。其實誰也不想聽誰的，無效溝通很浪費時間，最後往往變成放棄對話，各自為政。

信任是團體裡重要的價值，一旦裂痕發生，必須得盡力修補，相互排斥的結果就是難免有傷亡，人事異動比工作表現更加棘手，總得花好幾倍的心力去應付。與其這樣，不如把心放寬，不預設任何立場是我當時還學不會的溝通方式，都已經當到主管，還表現得像個不明究理又不肯妥協的幼稚鬼，不僅把格局做小，還失去了民心。

讓大數據說話，是我在新創產業最深刻的體認。與其無窮盡地以舊經驗追趕，倒不如砍掉重練，開發新方法以找到活路，並且密集溝通，要知道每個人都是公司運作的一環，無論好壞都綁在一起。**我所遇過的好主管、好同事，都有著比誰都強的包容特質，越能保有開放心態，就越能擁有優勢。跟不上的人就等著被拋下，過度迷信經驗值反而綁手綁腳。**

「錯了怎麼辦？」我老是這樣反問別人。然而，錯了就錯了，就算有百分之一的成功機率也得放膽嘗試，總好過把方法用舊，舊到跟不上了再來整套大改，更耗時間。結果若真那麼糟，更是展現危機處理能力的好時機，你的重要性是從這一刻開始凸顯；而不是倚老賣老，處處擋著新局面發生的可能。

對人也是，就算心裡認定是餿主意，也要給出空間讓對方學習，千萬別用自身經驗框住別人，妨礙抹煞以失敗做為養分的成長過程。能包容過失是雅量，更是信任感的交付，反而會贏來忠誠回饋。

職場求生法則

把時間花在有效溝通，與其不斷據理力爭，不如讓事情發生，讓結果來證明對錯。錯誤是千金難買的經驗值，也是團隊表現的最佳突破點。

誰對誰錯不重要，能解決問題才是贏家。

開會是我最不喜歡的事，只要當天行事曆排有會議，心情就會隨著會議規模大小，而有不同起伏。需要多人列席的會議通常是公布重要訊息、檢討績效，以及跨部門溝通，每個項目都比山高，氣氛可想而知的凝重。

月初的會議，幾位主管與大型專案負責人都必須出席，前半場是工作月報，每個人都準備好簡報向老闆及各部門同事報告；後半場討論專案進度，包括正在執行的、創意尚未成形的特別企劃，都會放在這階段進行討論。行銷部的同事T

打開一份跟上禮拜、上上禮拜，甚至上上上禮拜內容雷同的簡報，任誰都看得出來只改過一些數據跟描述方式。

由於有幾個項目是跨部門協同，我們倆坐在同一艘船上，換我報告進度，很顯然這個專案快要一個月都沒動靜，被追究起停擺原因並不奇怪。無路可退之下，我只好當起壞人，深吸一口氣，用左輪手槍六發的時間講完：「行銷部已經三個禮拜都說跟廠商確認中，得不到回應也不肯換廠商，我很難做事。」

同事T當下聽了暴走，怒視力道簡直像一道雷射光在我身上灼燒，跳過互踢皮球的戲碼，下一秒變成立法院現場，氣氛何止火爆。越接近季末，這類廝殺性會議特別多，也曾經試過假聽假點頭，面帶微笑的同時已經走掉三魂，盡可能讓肉身表現出參與感，用無厘頭的方式消極以對。但這實在不是職場應有的態度，於是我才決定不再裝聾作啞，但拿捏不好煞車分寸竟演變成扒糞，血淋淋的場面浮上檯面，不知道該如何收尾。

會議室是嫌隙怪獸的產地，多少愛恨情仇都是從一場會議開始的。我向來不怕被檢討，也不怕跟別人合作或競爭，而是對於有功就邀，遇事就推的職場文化感到恐懼，退到最後失去耐性，應該要有的理性討論也漸漸嗅出火藥味，沒有結論就算了，同事之間還結下樑子。

學生時期的我喜歡分組競賽，不管是以小組為單位，以班為單位，甚至以系、以學校為單位，能評出勝負的活動我通通熱衷，勝利的果實一試成主顧，認定贏過別人才是完美結局。

"出社會才曉得勝負不是團體對團體，更不是個人對個人，而是以工作績效做為衡量標準，能解決問題、順利完成的人才是真正贏家。"

從基層到主管，我最大的改變是眼界，不再執著於個人功利，而開始能以公司立場為考量。尤其在接任部門管理職務時感受特別深，不合群的同事最容易惹麻煩，小打小鬧的範圍我會好言相勸，要對方省略抱怨直接講出訴求，然後再判斷接受與否。如果對方只是一昧挑惕別人又提不出建樹，那就直接黑掉不囉唆。

溝通與嘗試，就像是船的左右兩支槳，一起經歷挫折後才知道該如何並進，出多少力氣才能順利協調，不打不相識，很多革命情感都是這麼來的。要有以大局為重的職場觀念，才能把紛爭的殺傷力減到最低。

會議結束後我念頭一轉，將態度軟化轉而尋求合作，想辦法釋出善意，以一起解決問題為前提進行討論，這才曉得同事T的難處是業界資源不多，加上手上還有其他專案正在進行，分身乏術才顯得有氣無力，旁人看來的拖延，其實另有隱情。

能抓到問題點就有一線光明。回頭翻找電子郵件與名片簿，主動詢問幾個同業朋友，能否介紹更多廠商好讓我們行銷部門接觸，一頭幫忙搬救兵，另一頭盡責聯絡，所幸找到一家廠商願意承接，後續我就沒再插手了。

工作只求結果，若要過分強調中間過程如何辛苦，就是無濟於事的抱怨。總是製造負能量的角色沒人喜歡，只顧把同事的缺失全部掀開，試著求自保的行為也不算磊落，唯有不計功過誰扛而出手相救的人，才是真英雄。

職場求生法則

同事表現拙劣，並不代表你就相對出色。誰對誰錯不重要，能解決問題的人才算贏家，以大局為重的擦屁股行為也是另類的實力展現。

得過一種怪病叫「事情沒做完就想請假」。

關於國中同學G的記憶都是牙痛，因為牙齒矯正需要定期回診，打骨釘、根管治療、拉線固定一類的專有名詞，聽起來都非常嚴重。據他所述痛不欲生，時常缺課缺考，當年沒有補考機制，成績自然空白，直到畢業後才輾轉得知，這是技術性缺考，在書沒念完的情況下不需要承擔低分，該科便不予列入平均，分數自然不會差到哪去，維持前段水準。

因為太震撼，使得這件事一直沒能讓橡皮擦從我腦海裡抹去。從學校到職場，拿病假來當免死金牌的人屢見不鮮，明知自己並非清白到足以糾正別人，但當下遇到這類偷雞摸狗之事難免走心，說不在意都是騙人。

按照慣例，部門同事要請病假必須在群組或以簡訊告知，事後再拿就醫證明核假，通常我不會為難。一早原訂要討論年度活動的進度，接近時間，負責文案跟簡報統整的同事說他上吐下瀉，下午三點才能到公司，急忙打電話關心狀況。有過幾次腸胃炎曉得脫水的嚴重性，不過，他說稍作休息就可以，知道身體不舒服，待會要報告的內容請他轉給我，由我代為與其他人討論。

電話裡的聲音分外虛弱，平時笑聲中氣很足、喜歡跟同事打打鬧鬧的他，突然像寒流之中被棄養路邊的奶貓一隻，口氣嗚咽地說：「威廉，我昨晚到現在都一直吐、一直拉，很抱歉今天沒辦法給你進度。我下午應該會好一點，進公司再繼續趕。」病人都這麼說了，我只能把會議取消跟大夥兒道歉。

午餐時間結束，公司群組傳來一張外送單說老闆請客，同事們想吃啥就在群組回覆。會議取消打亂整個下午的行程，我無心點餐，直到被標註跳出提醒：

「兩點收單，威廉剩你還沒有點。」一點進群組，早上請假的同事正秒回要一份包心粉圓豆花加紅豆加冰，我反射性地問：「腸胃炎還吃冰喔？」

當著全公司的面讓他難堪，事後感到非常後悔。下午等人一進公司馬上找他聊聊，關心病情順便道歉。沒有明著說懷疑裝病，往後日子我越是盯得緊，他越是千方百計地躲，久而久之，急症變慢症，演變成慣性發作，分不清是真的病了，還是討厭上班。

不想讓他覺得被針對，我半遮著眼睛地簽核假單。沒多久，他再度突然重病請假，另一個案子大開天窗，崩潰感已經超越愛恨。約談過後，驚覺他經手的工作全部卡關，有些甚至完全沒有進度。才娓娓道出，其實在被我打槍兩、三次後，很抗拒文案類型的工作，直覺是技術性躲事，生病有一大部分是心理所致。

遇到同事事情沒做完就想以請假逃避，其實又好氣又好笑，畢竟我也得過同一種怪病，還到棺材躺了好幾次，直到淚哭乾才決心接受治療，唯有正視自己的弱點才有機會免疫。向他分享幾個我曾經臨陣脫逃的慘事，**讓他知道逃得了一**

時，逃不了一世，問題仍然存在，尾隨而至的無力感是一次次加劇，乘以平方的擴散。

”能力不足又羞於啟齒，等於拒絕進步。用不著別人動手淘汰，自己早晚也會退出職涯這場耐力賽。“

應付不來的任務一定要在最短時間內提出問題，請求主管給予協助，要是運氣不佳，頭洗一半遇上停水，選擇消失是玉石俱焚的消極態度，對誰都沒好處。就算不來也好歹負起責任，把分內該做的事交代清楚；做不完或是完全沒做，至少要據實以告，好讓其他同事有辦法採取應變，進度不至於停擺。

打團體戰的觀念要有，別心存僥倖總以為天塌下來有別人撐著，**積極修補弱點是為了讓能力提升，用盡方法最後仍然無計可施的話，就該把難題丟出來，讓主管可以找到癥結點，幫忙調配工作內容。**

／職場求生法則／

逃避是弱者選擇的投機方式，能夠坦誠缺失，並積極尋求他法解決，就算最後仍功敗垂成，至少能獲得一半的經驗值，做不來至少也要從旁看著學。

平庸的人，只挑有把握的事做。

公司突然來了顧問團隊準備整頓，先是改變組織與人力架構，再為每位員工的工作狀況做健檢，嘗試優化。當時正好處於我個人的疲態高點，兩個月前才經歷人事變動，職責範圍橫跨三個部門，現在又找外來的和尚教唸經，很難不心生排斥。不過，因為很想知道對方葫蘆裡賣什麼藥，決定正面看待改變，可以的話，學個幾招當成新技能也好。

初步溝通，顧問希望我能盤點出工作項目，究竟每天在忙哪些事，固定與不固定的都要寫得清清楚楚，將它製作成表格，一週之內繳交。同時間還要繳交三個部門的人事評估表，整整十五個人還得一一約談，這些只是前菜，主菜是我得交出一份完整的年度營運計劃，擬定十二個月的績效跟策略，如何達成目標都要說明清楚。

一口氣要做完這些炸到頭頂的報告，部門運作又要維持水準，不允許有陣痛期，簡直是雪上加霜。直覺顧問肯定是特地來找麻煩，每每看他走近我辦公桌就有如鬼見愁，不知該躲還是該防，心生排斥，再好的建議也聽不進去，給我的參考資料直接擱到一旁，跟一堆工作用書疊在一起，連看都沒看。

那些表格就像《哈利波特》的咆哮信，一打開會聽見駭人的咆哮聲，嚇得我趕緊關掉視窗。一整個月徹底卡關，想狠甩自己巴掌，想說這一定是惡夢，就算清醒過來，也像是被迫參加整人節目，我被推到鏡頭前，拍板一聲沒辦法拒錄。一個人加班到深夜，最後腦筋轉不動，扶額呆坐在電腦前，整間辦公室的燈只留頭頂那盞，就像漫畫裡的悲劇人物跌坐在陰暗角落。

跟幾個老同學聚餐順便討教對策，有經驗的人都說：「顧問一來，就表示有人要走，撐得過就是你的。」此話一出我更加緊繃，不想認輸自提辭呈。

> 消極應付不是辦法，把姿態壓低，不如將對方定位成職場導師，一逮到機會就發問。

專業的編輯能力我算夠，但營運管理卻沒有太多經驗，心想，自己總不能做技術類型的工作一輩子，能夠有機會透過專業顧問來補強不足部分，若對方有料確實是一次轉機。

文科生的我最怕數字，聽到量化就手腳發軟。首先學習將工作內容條列出來，再用數據估算成效，變成有憑有據的文件，讓資料與資料可以相互佐證，變成一套營運邏輯。先苦後甘，往後就可以按表操課輕鬆自如，等一切上軌道之後，便能知道淚水跟汗水不會白流，顧問是這樣鼓勵著。

顧問介入之前，我正為了日復一日、始終散亂無章的待辦事項而瀕臨崩潰，長達三個月的整頓，是近年職涯裡最疼痛，卻也是最有感的一段。**一改先前隨心所至，見招拆招的工作模式，意外養成我凡事規格化、流程化的好習慣。**這段過程讓日後獨立創業的我受益良多，尤其當案量暴增，又不想放掉任何一筆營收時；要是當時賭氣一走了之，就算有本事撐著不回職場，一定也停留在靠著蠻力接案，犧牲生活品質、用肝來換錢的日子。

目前我的工作被切成兩部分，一是自媒體經營，二是承接專案。在自媒體草創期，這段經驗是最棒的養分。雖然是一人公司，我先整理出可用資源，盤點優勢與劣勢，花時間規劃好一整年的階段性計劃，擬定經營策略，接下來就是不計一切的努力，達成目標。

自由接案的工時不固定，相較於領薪水的日子，想求安穩，就得擔起更多責任，抱著有錢就賺的積極態度，工作型態勢必更加複雜。因而擁有屬於自己的一套遊戲規則就更顯重要，不足之處就透過技術合作，找幾個同樣接案的朋友，組織虛擬團隊，從執行變成統籌，漸漸地有了承接大型專案的能力，這些都是當時經歷公司轉型期所換來的甘美果實。

安於現狀就是平庸的開始，對新任務的恐懼往往來自於陌生。與其自我懷疑，不如珍惜難得的學習機會，痛過一定會成長，**要知道一招半式走不遠，別因為對眼前的事沒興趣或厭惡就放棄嘗試。**

/ 職場求生法則 /

學習新的技能可以為你打通另一條路，帶來其他好處。練成，是自己的，練不成至少可以練膽，絕不會讓人空手而返。

加入舊體制，革命才有可能成功。

不久前受邀參加一場座談會，由我主講創意企劃的技能培養與心法。一個半小時內要分享六個實作案例，並從中抓出工作要領，後面接著是問答時間。為免冷場，我事先在網路徵求讀者投書，列出三題做為樁腳，沒靈感怎麼辦？跟客戶斡旋的技巧？要如何為接案做準備？猜想是實務類型的情境題有打中現場聽眾，舉手發言的人開始變多，卯起來把工作上的疑難雜症全往講台拋。

場內一半是約莫是三、五年經歷的企劃工作者，當然也有對未來迷惘的準新鮮人。印象很深，一位聽眾問我該如何跟上級溝通，滿懷熱忱提出的創新作法為何到了最後一關，總是被老闆打槍？主管聽得懂他想做的，但高層卻不認同，到最後仍然堅持用舊方法，時間久了，開始對公司感到失望而想要離職，希望能從我口中問出一些做事技巧，好讓想法能夠被理解、被接納。

我是這樣回答：「**先順老闆的意去做，一方面熟悉你認為不妥、過於老舊的方法，另一方面藉由完成任務來建立對你的信任感。**一開始就要高層接受革新，在沒有能力跟經驗背書的情況下，簡直是天方夜譚。」

”衝撞任何舊制度之前，必須要先熟悉再談改變，最好的方法就是加入它。“

我有一個合作業主是成立十年左右的台灣女裝品牌，其競爭對手早在電商領域插旗，每年進帳上億。直到該品牌的百貨跟直營店業績直直落，又苦無其他通路撐起營業額，才意識到自己已大幅落後，因而找上我擔任數位行銷顧問，想重整旗鼓在網路拓店。我建議強化社群操作跟成立網路商城是首要第一步。

開了幾次會之後，我明顯感受到愚公移山的無力感。品牌定位在少淑女風格，從內部管理、設計、到第一線銷售人員的平均年齡超過四十歲，核心決策圈保守估計是五十歲。科技像一道緊箍咒，他們認為我說的是天方夜譚，我則感覺像是對牛彈琴。合作撐了三個月宣告破局，事後把這份年度行銷規劃轉給一位前輩，希望獲得指教。

前輩說：「威廉，你的規劃沒問題，問題出在他們是人腦，不是電腦，不能把指令 key-in 進去就算完成。」

我的提議有一大半是創造新制度，幾乎要砍掉重練，缺乏細部的配套策略，況且雙方之前沒有合作默契，我不了解原有的營運方式，只看到表象，就算計劃做得再完善，還是很有可能失敗，理念不合收場很正常。

年輕人在職場容易橫衝直撞，我的手心也曾有過那股推翻一切的力量。那場座談會上的世代交流感受特別深刻，反骨性格還在，為不枉費一路碰壁的痛，理當要智慧以對，把目光放遠。**改革是牽一髮動全身，不可能只在一夜之間。懷抱理念的人要學習鋪陳，想證明有能力改變，一定要先讓決策者看見你的能力，才有機會進一步革新。**

眼前一塊擋路石讓你窒礙難行，要通過這條路的方法絕對不只有打破它；試著攀爬上去，把自己放到對方位置肯定會有不同視角，幫助你打開思考廣度。

進到決策圈的入場券是信任，不管是急著改變的講座學員，或是當時提出創新作法的我，兩者都缺少理解步驟。所謂知己知彼，對自己眼光太有自信，不願花時間理解現況的構成因素、感受問題核心，流於主觀註定失敗。

中小企業的組織結構簡單，多半以營利為導向，缺乏研發部門或顧問團隊的策略操作，碰上棘手的轉型問題，會先想以增聘員工來試著改變現況，新舊互不相融是最常見的卡關原因。

/職場求生法則/

有機會成為組織新血的人剛到新環境切莫心急，想立刻推翻舊制度、舊勢力，太過愚昧也太過莽撞。面對權力跟資歷都差人一大截的現實，選擇對立最不智，革命要成功的機率簡直微乎其微。

想往上爬，就盡量挑複雜的事情做。

碰到年底考核期，心情總是特別浮躁，同事們的升遷去留全得在一個月內決定，編輯部跟企劃部一共有十幾個人，還不包括實習生跟助理。由於擴編太快導致我沒辦法直接管理，有過拔擢副手的打算，優先考慮了幾個企圖心較強的同事。任何事都一樣，我最在乎對方有沒有想承擔更多責任的意願。

首先是分組、推派組長，讓正職帶著兼職並定期繳交工作報告，練習初階管理。經過一段時間，發現多數同事希望擁有一定的自主權，可以從透過指導別人來獲得成就感；相對枯燥的行政程序便敷衍了事，日報變成週報，再變成想到才交，最後是我催了還不一定交。

或者，對不擅長的事沒信心，頭幾次做不好就開始沒勁，不敢明著拒絕就想盡辦法逃避。像是要擔負網站的流量成效，抗壓性有，但續航力極低，未達標次數一多就乾脆擺爛。這一波測試全軍覆沒，要從裡頭挑出比較「沒那麼差」的人當組長，實在為難。部分同事的期望落空，辦公室開始出現耳語，指責我把自己做不來的工作丟出來，那時說不在意都是假的。

那天，我決定準時下班，卻不小心把負能量帶進瑜伽教室，心累身體也累，高強度動作重複幾次就快撐不住，便脫口而出：「天啊，到底還要做幾次。」一課後，老師跟我聊起練習狀況，我因為柔軟度夠，所以很快就能做到進階水準，卻因為肌耐力不足沒辦法讓身體穩定，就只能一直停在這個階段，反覆練習。

試過更難、更華麗的動作，老師發現我基礎不穩容易受傷，才又退回來練基本功，用意在此。所謂的跟身體對話，不只是專注地做好動作，而是要能找到缺陷，再透過不斷地（惱人）練習，才有辦法強化它。工作也一樣，原來我也正處在這樣的階段，距離準備好了，還有一大段路要走。

”庸才跟天才不是絕對的存在，職場上大多是「沒那麼差」的等級，而這也是在體制內最待得住的一群人。“

「資質好」的人像個發光體，在茫茫人海裡容易被看見、被賞識，但往後隨著態度不同會決定各自的命運走向。有些像流星一閃而過，挨得住苦差事就能成為恆星，立於不墜之地。

前陣子聽聞老同事S高升，出任國際出版集團的大中華區執行長，台北上海兩邊跑。彼此共事的時間不長，當時我在代編部門，她在業務部，能在女性雜誌當到業務經理，普遍能力都不錯。我離職了，而她還在，幾年後，S被國外總部拔擢為台灣區總經理，在公司第八年已經是集團的董事總經理，旗下幾本刊物聲勢很旺，堪稱台灣最大的女性媒體集團。

想起以前S總幫過我搞定客戶，事後淡淡地說不過是小事情，在時尚雜誌工作的女人都自帶光芒，一個比一個悍，偏偏她的個性不愛張揚，做起事來總是穩健。才十多年的光景，那位佛心的仙女姊姊已經成為幾百人之上的CEO，當年感受不到她如此強烈的企圖心，於是好奇的我便問了共同好友Q。

曾在同個部門的Q最欣賞S不張牙舞爪，不管任務多艱難，都能把事情做到最好的韌性。一板一眼，從單純銷售廣告的業務切到管理，為接下營運責任，願意花時間熟悉各部門的運作，追求更大格局，即便工作如此忙碌，還不忘進修拿到EMBA學位。能被總部器重，破例讓同個人接管中國、台灣兩地營運，是因為S比誰都可靠。從紙本轉型網路後，台灣分公司的營業利潤連續幾年都是全球最高，把亞太區最大的市場交給她管理，國外老闆是再放心不過。

不少人對於升遷時機有誤解，以為上面的人走了空出位置，資歷夠深的話就卡得上去。從基層的標準來看，那批受測的員工都算優秀，換作幹部規格卻不夠好，變成一片倒。**那些看似無謂但有必要的過程都是練習，把原本不擅長的事情做好，就是一次成功的能力開發。有本事擔起公司交付職責，無關喜好都能處理得游刃有餘的人，才是過人之人。**

職場求生法則

想做大事的人可得要沉得住氣，事情盡量挑複雜的做，化繁為簡的工作技巧與耐心會帶你去到更好的位置，也跟其他「沒那麼差，但稱不上出色」的人慢慢拉開差距。

工作非唯一，不是接受超時超量就叫敬業。

前陣子，藝人過勞猝逝的新聞不斷，聲浪一面倒，紛紛指向節目製作單位嗜血的不良行為，來賓累倒卻不第一時間送醫，還顧著拍下痛苦的表情。滑著一條條評論，我眉頭越鎖越緊，原本不打算發表任何文章，直到看見一位網友說：

「如果今天他還活著，第一時間感受到身體不適便罷錄，會發生什麼事？」

「比你咖位大的人都在堅持，你來這耍什麼大牌。」

「人家女孩子都沒說不行，怎麼就你這麼矯情。」

這兩句話的酸民口氣學得真像，若是事態扭轉，我們此刻未必會是正義之聲。鋪天蓋地的負面評論肯定讓人心裡難受，為了表現敬業，就算感冒整夜沒睡，拚搏十七小時也要做完、做好，積極正向的工作態度誰會責怪？

我感慨地在臉書發文：「活著的人，請好好珍惜自己身體，不要過勞。」心情特別慌亂的這一天，我突然想起T。「你還記得T嗎？前陣子過世了，我有去參加他的告別式，他媽媽哭得非常傷心。」多年前的一次聚會裡，老友B語重心長地說。

記得那天，B突然提起這件事要我注意身體，T是我研究所的廣電系學弟。畢業後，在當紅的選秀節目擔任執行助理，菜鳥一個，正是電視臺食物鏈的最底層，要滿足所有人的需求，再無理都要忍耐。

他沒日沒夜的忙，忙到沒時間跟家人朋友見面，忙到沒時間睡覺，忙到感冒沒時間看醫生。某一晚，發燒住院引發腎衰竭及敗血症，病發到離世不過一夜之間，二十多歲的他走得匆忙。

T過世那年，我二十六歲，剛升上資深編輯，一天工作二十二小時，連拍三個單元身兼採訪及服裝造型。收工後，一個人扛著七、八袋的重物坐上計程車，回辦公室一邊吃著微波便當，一邊摺衣服準備明天的工作。沒料到兩個月後來了一位新主管，想把自己的親信拉進公司，亂扣帽子把我辭退，甚至規定下班前要清空座位。

天真以為多做一點會換來公司的信任，超時、超量也默不吭聲，一個人負責六、七十頁的內容，從暫時忍耐變成常態，跟新主管反應未果，於是寫信求助於大老闆，犯了越級溝通的錯誤，讓他逮到機會藉機換人，順理成章地資遣我。

走出會議室時大約是下午五點，只剩一個半小時可以收拾，當時非常難過、也非常怨恨。那份工作我做得比誰都用力，無奈卻結束得非常突然，多年後回想起來還是很不甘心。那段時期我陷入低潮，反覆檢討自己的工作態度，直到聽聞T的離世，才猛然驚醒。

”職場上好人多不長命，會被壓榨，
因為接受過不合理的要求，有一就會有二。“

若是一開始就把原則溝通清楚，多為自己著想，本分之外的事情連碰都別碰，就不會徒增事端。不喜歡被麻煩的人並不等於壞人，難相處是另一種自保，雖然得不到多餘的好處，但一有壞事發生，也拿你沒轍，好壞都與你無關。

過去的工作經驗告訴我，患難時的真情都是勞方的一廂情願，再怎麼拼都是資方受益，**大環境的病態都是被過多無謂的包容給豢養出來的，所有曾接受不合理對待，還願意賣力完成的「好人」，都是破壞制度的幫凶**。會有過勞，其實勞方也有責任。當大家有志一同守住底線，總會有幾個節操薄弱，打著人好、心善的名號，選擇接受額外的工作量，一旦少數人打破了原則，多數人必須跟著就範，到底是誰在害誰？

能多做一點，不代表能力超乎常人，這份工作非你不可。請少一點的人做多一點的事，就是慣老闆，等到你開始排斥這樣的工作模式，通常是「被離職」的前奏。一旦成了定局，心裡的黑洞會將人吞噬，曾經用生命護著的公司，卻狠狠對著肚子踹你一腳。

從白天到深夜，朋友圈滿滿的沉痛與不捨，藝人的好，相處過的人都知道，能說得出來的正面形容詞，套在他身上都不足夠，我倒寧願他人沒那麼好，做起事來自我一點。畢竟工作不是唯一，不是超時、超量就叫敬業，人是血肉做的，不是機器，沒那麼容易修復。

職場求生法則

遇到不合理的工作安排，別接受也不要沉默，只要問心無愧，傷人的程度就相對有限，寧可讓想壓榨你的人不爽，也不願累出一身病，甚至危及生命，讓愛你的人流著淚為你不捨。

人際雖然必要，但不應該賴以為生。

考研究所那年，師大是我的第一志願，面試時，教授翻到審查資料最後一頁的成績單，蹙著眉問：「你的大學成績高低非常懸殊，90分以上的科目不少，但不及格的也不少，甚至還有0分，是選了又棄修嗎？」

這題早有預備，於是我不疾不徐地回應：「大學雖有分系，但科目仍舊廣泛，並不是每一科都符合興趣與需求。我對自己的學涯規劃不是全才，把受用的科目學好，其餘心力放在積極參與校內外的社團活動，結識不同領域的朋友以開拓視野，才能有眼前這份精彩的被審資料。」口氣是妙麗[1]無誤。

天真以為答得完美無缺，能夠技巧性閃躲「挑食」問題，沒料到教授卻板起臉：「活躍於課外活動是拿來做為人格特質的參考，師大的學風嚴謹，研究所著重學術研究，在乎的是你用不用功，不是朋友多不多。」一聽就知道大勢已去，果真那一年我高分落榜，備取失敗。

”人際雖然必要，但它不會是一門學科，更不該依賴它成為工作上的謀生技能。“

進入職場後，因為工作關係，有幸能跟名人往來，一起唱過歌、同桌吃過飯，多聊個幾句都能讓我說嘴好久。與知名人士往來，多少得付出代價，把卡插進提款機，輸入密碼按餘額查詢，就會知道打腫臉充胖子是有額度的。知心會有，但寥寥可數，生活圈不同要湊在一起非常吃力，感情早晚會淡。

成人的世界是名利場，愈往上走，愈能感受到毫不遮掩、多的是想靠關係來省掉麻煩的人，不管是生活圈或工作環境，我向來很不習慣「攀交情」文化，一通電話就能讓人連捷徑都不用抄，直接入座，還斷送另一個人的努力就此白費。**不管是受惠或吃悶虧，一旦有外力介入就會引來眾人不服，最優雅的方式是絕口不提交情，只要夠格就不擔心落人話柄，讓合作關係建立在互相需要，一切便顯得合情合理。**

「我朋友是……。」

「嗯，所以？」

我從老愛講第一句話的角色，慢慢覺醒到成為說第二句的人。始終記著研究所面試時教授的臉及落榜的痛，那麼多年過去也沒能放下，這些誠實的提醒確實在我迷失時，產生了作用。看情分做事總有盡頭，一次兩次可以，再多就得靠利益交換。**利益就是談判的籌碼，而籌碼多寡可以從能力、權力換算，認識深淺則只能幫助你取得入場券。**不是個咖，終究是要被邊緣化，然後遺忘。所謂的交情究竟能起多大作用？

別人的成就不屬於你，若想要有一席之地，麻煩按部就班地努力掙、努力爬。朋友是朋友，你是你，別人有多爭氣、多了不起都與你無關。

求機會還說得通，但求省力的心態就是投機。身邊不乏靠著交際手腕，工作上看似無往不利的寵兒，長久以來被溺愛、豢養、失去做事能力，脫去保護罩就無法生存。靠著旁門左道獲取的工作之便，最終禁不起考驗，只能回過頭依附在願意給好處的人身上，以寄生姿態存活著。

五湖四海皆朋友是優勢，但不該賴以為生，業務工作就是最好的驗證。人緣很好的人進入壽險行業，未必能帶來好業績，朋友可以賣面子，但面子能賣幾次就要各憑本事。花時間經營人際的同時得要有實力支撐，習慣單方面利用的人，早晚會被一腳踢開，人際要變人脈可沒那麼簡單。

想取得下一階段的成功得先建立幕僚觀念，單打獨鬥的格局極其有限，有計畫性地建立職場人際網，讓自己有外部資源做為靠山，能穩住的關係都來等量交換。合作請盡可能以對等姿態，鞠躬哈腰的請託、緊黏在一旁想撈好處的人，都是我們最不想成為的模樣。

註1：妙麗為英國作家喬安・凱瑟琳・羅琳的小說《哈利波特》系列中的登場人物之一。

職場求生法則

比起汲汲營營於人際關係，期待被人寵愛、享受特權，倒不如紮紮實實地靠實力取勝。才華是一道能貫穿天際的光，足以讓所有人仰望，要有這樣的自覺，才不至於努力錯了方向。

別在辦公室宣洩負面情緒，情緒化的標籤永遠撕不掉。

如果可以，我會在任何需要的時候把情緒收好。在辦公室內保持正面態度是職業道德，雖然偶有失守，無意間把壓力換成怒氣，若不小心對同事說話不耐煩，當下我也會盡快冷卻，立即道歉。同處一室，得要有維護工作氣氛的功德心，要知道星星之火足以燎原，微小的負面情緒極有可能聚成黑洞，吞噬每一個人，包括自己。

> 脾氣發得越大，越是覆水難收，
> 偌大的辦公室內，人與人的情感維繫格外脆弱，
> 施力過當就立刻全碎，很難修補。

我碰過情緒容易歇斯底里的主管，一朝被蛇咬十年怕草蛇，好幾次看他用力地把文件、滑鼠、任何正握在手上的物品，往桌上一摔，就「砰」一聲甩門而出；無意間看到他在樓梯口抽著菸，擦著眼淚，要安慰也不是，就像一齣狗血做足的長壽劇。聽同事說他有情緒管理問題，剛升上主管得做出績效，晚上都靠安眠藥才能入睡，似乎值得同情。

午休時間辦公室另一端傳出爭吵，財務長跟他隔著好幾層隔板互嗆。我只能戴上耳機蒙著頭做事，除了吵架聲，急促的鍵盤敲打聲也沒在客氣。在場同事表

面默不吭聲，貌似淡定，對話視窗卻瘋狂彈出，像球迷觀戰七嘴八舌的討論。突然間，我以發自丹田深處的聲音說出：「不好意思，你們打擾到別人休息了，有事情要討論可以到外面走廊。」

其實不好意思的人是我，加上我的聲音，現下有三個人在辦公室失控，場面雖然安靜下來，但這樣的做法叫「同歸於盡」。有了這次的失控場面為前導，後期的我亂入這場混戰，習慣用不理性的方式溝通，面對主管言行的戲劇化容易不耐煩，自己竟也變成負面情緒的製造機，從默默隱忍變成不願包容，引發往後的衝突場面。

我曾在日本電車上，目睹過身旁的男士喝醉，嘔吐物沿著拋物線來到對面女士的腳邊，正要提醒，發現她不疾不徐地挪動屁股，往左平移大概五十公分閃過土石流，精準且不動聲色。嘔吐物就像辦公室內的負面情緒，不管是哭啊、怒啊、崩潰啊，攻擊啊，即便令人反感但又得表現出事不關己，多數人會選擇忍氣吞聲，默默走開以求自保。

說起話來老是激動，時而大哭、時而大笑，像顆不定時炸彈，情緒起伏太過強烈的人，就像是自斬人緣，怎麼想都不是好事。若是像先前這位主管每每遇到溝通不順就生氣崩潰，無論他的工作績效再出色，都掩蓋不了心理素養不足的缺憾。

年底一到，公司考核不僅是上對下打分數，同時也祭出同事互評機制，讓部屬可以評上司、主管評主管。那位崩潰王的印象太深植人心，肯定是負面形象會先被想起，可想而知，情緒化成了升遷的阻礙，考績出來立刻被人資約談，建議轉調其他職位，以不適任為由列入觀察名單。

面對辦公室糾紛，我不贊成亂入、強當和事佬，若情緒一上來就暫時不要討論事情，等到雙方都能理性應對，再重啟對話也不遲。**工作場合的姿態千萬要軟，而且最好放到最軟，凡事包容絕對能以柔克剛，一有爭執，就讓硬生生的拳頭打在枕頭上，雙方毫髮無傷才是最高明的溝通手段。**

辦公室裡的無冕王，往往是令同事相處起來最舒服的人；敢愛敢恨通常是樹敵的特質，會吹起狼煙引來小人。學到壞習慣曾讓我吃足苦頭，多虧有前輩告誡才改掉缺點。開心可以，但不要過頭演變成一場鬧劇；難過可以，請悄然離開現場，躲到沒人看見的角落儘管發洩。像《蠟筆小新》裡妮妮的媽媽把兔子抓起來揍，揍完再微笑面對，是辦公空間的友善守則。

職場求生法則

職位越重要，就越不能有太多情緒寫在臉上。升上主管後的我這才察覺到，自己的一言一行，很容易牽動整個部門的工作氣氛，間接造成同事們的壓力。別輕易在眾人面前宣洩太強烈的情緒，尤其是負面部分，會將自己的醜態跟弱點顯露無遺，情緒化的標籤永遠都撕不掉。

Chapter 4

說再見也要說得漂亮

每份工作都終究有要說再見的時候，讓過程精彩一點，替自己設定階段性任務，好在離開那天，能夠有無愧於誰的釋然，不拖不欠、瀟灑俐落。

最該感謝的，是當初包容犯錯的主管。

一直到離職那天，我都還認為自己在第一份工作懷才不遇，沒受到主管跟公司的重視。

那是我第一本從頭到尾負責的企業刊物，同時也是簽年約的死忠客戶。出刊後一送到商場，電話便響不停，原來是內容中有好幾項單品的品牌錯置。隔天，一本被訂正過的雜誌，就像老師改完的作業簿放在桌上。很快地，我就被主管C約談，當時我的腋下彷彿是開了兩管水龍頭，濕到不能再濕了，出這種包通常凶多吉少。

釐清狀況後，發現是印刷廠使用了舊檔案，沒把最終校對的稿件更換過來。客戶要求重印，經過協議，印刷廠跟公司共同承擔錯誤，各付一半。對此，我的心裡很不能理解，甚至覺得委屈，認為錯不在我，但整件事的處理方式像背黑鍋。表面沒事，其實疙瘩好大一塊，名副其實的有苦難言。

主管C是傳統出版社出身，作風向來一絲不苟，嚴謹到用肉眼就能判斷字跟字之間有一釐米的誤差，錯字就更不用說了。每當我信誓旦旦地把校對稿放在他桌上，過沒多久，就會被再扔回來，撂下狠話：「我不信你有認真看。」、「你中文程度是不是不好？」、「身為編輯，連錯字都校對不出來，明天可以不用來上班了。」

對於像我這樣有著玻璃心的新鮮人，不斷的糾正聽在耳裡像是嘲諷，久了，開始有被針對的感覺。受不了總是被釘的壓力，誤燃引線，有天，自爆式地在辦公室裡挑起爭執，主管說：「**這裡是公司不是學校，你來學東西，犯錯還不容許**

別人責備，這種心態對嗎？如果辦不到，就把位置讓出來，等你準備好了再來。」

內心轟然一聲，玻璃全碎，出了學校頭一次嚐到挫敗，衝出辦公室躲在廁所哭了很久。我不奢望稱讚，但為何老是換來責備，偶爾也希望聽到打氣的話語，就算討個拍都好。

> ”討拍是弱者的專屬。若不責罰，肯定感受不到失敗的嚴重性。強者的痛覺不會太久，一定會尋找更積極的方法克服弱點，唯有變強才扛得住責任。“

離開第一份工作時，我有很多解不開的結。直到多年後爬上主管位置，得自己營運、管理整個部門，追逐公司目標，某一晚加班打年終考績，我反覆檢視著部門同事的工作狀況，突然想起主管C的叮嚀囑咐，於是鼓起勇氣主動加他臉書，就這樣成為臉友直到現在。

一般公司錄取新人，要求的是即戰力，而不是讓你慢慢學習，出包還要同事幫忙收拾，這樣的人只會消耗團隊戰力。

多年後回頭來看，終於理解當時主管讓我代表公司承擔一半責任的用意何在。礙於人事成本跟部門編制，當時非正職的我，在形式上能被賦予責任，是主管給予的信任和機會。然而，這是一份需要超乎常人細心，以及背負強大責任感的工作，當時的我正好欠缺這兩項能力。

慶幸自己曾遇過嚴師般的主管，後來的我不再把指責往心裡放，剝除情緒成分，剩下的全是提醒與確實受用。心態一轉之後，面對苛責都能逆來順受。

出包事件後續其實有發展出故事支線。公司為保住客戶，總經理首次出馬跨部門協調，公司決議用兩頁廣告做為賠償。這件事我是後來才知道，當時的我，一股腦兒地覺得被抹黑，不懂得慶幸自己能在初入社會時，遇見一位肯給機會、包容犯錯的好主管，一個不光只說好話且真心以待的老師。

這些年來，我有了很多機會能感受當時主管C的心情，讓我往後職涯吃到真正的苦頭時，才懂得區分何謂不懷好意的刁難，而恨鐵不成鋼又是什麼樣的心情。關鍵時刻能有人適時當頭棒喝，感謝都來不及了，更別說恨。每每工作不順心，我總會想：「希望現在的我，沒有讓當時的他失望。」為此，再多的不甘心都會嚥下去，當初巴不得給他兩巴掌，卻是回過頭最該謝的人，用責任跟寬容撐起我的成長空間。

職場求生法則

初入職場時，請記得收起你的玻璃心。公司不同於學校，犯錯了就要勇敢接受責備，唯有經歷職場上的嚴格訓練，才有辦法讓你往後的工作更順心，少走一點冤枉路。

清空座位時，請務必連心一起。

回顧每段職場關係結束時的自己，最常犯的錯誤就是肉身離職，三魂七魄的三魂卻還留在舊公司，導致魂不守舍。「卡到陰」的時間長短，取決前份工作投入多少時間跟精力，就得花多少時間恢復。

有一件事壓在我心底好久，疙瘩一直存在。那年，我早早把年假排定，想趁著截稿一結束就立刻飛往日本度假，休假前看到同事們忙得焦頭爛額，很有義氣地說要分擔工作。出國前一天，我自告奮勇接下封面造型，隔天便放心登機享受假期。

八天後回到台灣，飛機一落地便收到同事內線，關切休假前的拍攝是否順利，一聽就知道出大事了。顧不得大半夜的，我先聯絡當天在場的其他同事，試圖還原經過，這才知道拍攝收工當晚，某位女星向經紀人泣訴在工作人員（我）藉著調整衣服時，撕下她的胸貼導致走光。

何止震撼，我反問電話那頭的同事：「你覺得有可能嗎？現場至少有十個工作人員，要是我真的在眾目睽睽之下撕她胸貼，還有辦法等到她回家才被發現嗎？」

「我也這樣覺得，但經紀人說她哭了一整晚，心情沒辦法平復，要求我們公司道歉並做出回應。為了止血，當下主管已經代替你向對方致歉了，這兩天主管跟老闆正在討論懲處，先偷偷跟你說。」同事口氣無奈。

隔天面談，主管不願聽我說明經過，一提到要當面澄清便處處阻撓，連柯南辦案的步驟都跳過，直接把我定罪。這並非頭一回撞上職場黑幕，該進該退心裡有底，就算工作條件再差，都敵不過信任關係摧毀，跟公司跟團隊，甚至主管、同事間的信任消失時，才是讓人決心不留的原因。

"當信任感消失，絕對不可能是好聚好散，形式上或許會，但心裡肯定不能。"

所幸胸貼風波在資深同事暗中幫忙之下，由大老闆出面喬事，我才得以保住工作。前陣子跟朋友聊起這段不愉快的經歷，內心還是憤恨不平，畢竟這件事在往後幾個月裡還是起了負面作用，而且越滾越大。從不被信任，演變成我不再信任整個工作團隊，表現荒腔走板，過沒多久我便離職了。

說出這段經歷並不是要搏得同情，而是想表明離開一份工作同樣需要力氣，更何況是不歡而散。包括我自己，在灑脫走出前公司之後，其實心還留在原地。離職初期，總喜歡找老同事聚會，更新前公司八卦，當初那些陷我於不義的同事活得可否安好，報應究竟上門了沒？

到頭來，讓自己在已成定局的狀況不斷攪和，**花太多力氣討厭這些早不存在生活周遭的人。忘記失敗的職場經歷不是終點，舊人舊事持續影響心情，就算很快找到新工作，只要一天不清空自己，就沒辦法真正重新開始。**

九月底離職，經歷三個月的崩潰迴圈，再熬過給不出紅包的農曆年，那一段時間的我自閉得可以，鮮少與人群接觸。某天，我翻出一只裝有舊公司雜物的塑料箱，裡頭有個小盒子裝著幾張原先貼在隔板上的紙條，有祝福、有打氣，也有同事回饋的感謝。抱持正念，決心重返職場，先設定好全新的網路媒體領域，朝管理職挑戰，重寫自傳也順便更新作品集。

腦子裡全是對下一份工作的想像，期待穩固的信任關係與更好的待遇，前提是得先把自己調整到最佳狀態。三、四月過得特別充實，找尋機會的同時也取捨出新方向；五月，我的新工作便出現了，到一家規模不小的網路媒體正式報到。從被職場拋棄到找到新位置，足足等了八、九個月飄飄蕩蕩才又重新靠岸。

我在蔡壁名教授的《勇於不敢愛而無傷：莊子，從心開始二》裡讀到一段話：

「自狀其過——對於自己的過失，學習不辯解；面對盡心、盡力仍無法改變的事，練習安然接受。」從決定離職到銜接下一份工作，這大半年來，我花了不少力氣調整自己，像是繞了一次遠路，這才學會往前看的道理，與其糾結，不如起身尋找更好的風景，走向未來。

職場求生法則

從決定離職的那一刻起，接下來你所做的努力都要跟更好的未來有關，怨懟與憎恨是變相的留戀。

職業倦怠並非不治之症。

職涯前期我總是喜新厭舊，喜歡學習新事物，從完成任務中找到成就感；但只要工作內容不斷重複就會失去耐性，一開始都衝得很猛，很快便顯露疲態，也很快放棄，像個青春期從未結束的猖狂少年，以為未來還早得很，隨時可以變卦。

基層的編輯工作我前後做了八年，終於在看似一成不變的日子裡挖掘出新意，慢慢找到與工作的相處之道。擔任主管職後，每週一要開早會，於是我習慣星期天晚上進公司準備會議資料，一旦學會鎖公司大門就是條不歸路，清楚保全系統的設定與解除，就是加班的起手式。

網路媒體二十四小時的數據壓力，對我不分晝夜的轟炸，雖不致於過勞，但與工作相關的人事物很容易讓人失去耐性，用不著一根稻草，隨便飛來一張衛生紙就能把我壓碎，即便換了工作範圍，但遇到類似問題還是沒輒。

職場上能力出色的人向來讓我敬重，同一份工作能做很久我真心佩服。朋友B是一做就是十幾、二十年的櫃姐，我曾經在新舊工作的銜接空檔到專櫃代班賺點外快，平日的百貨公司空無一人，我總是焦慮地走來走去。

「沒客人好無聊，妳怎麼有辦法做那麼久。」

「不會啊，我有很多事要忙。做業績只是一部分，我還要清潔、管理、盤點核銷、製作排班表。」

「可是重複的事情一直做，不會很膩嗎？」

「膩啊！所以我下班就不回公事，每年一定出國休假。」

持續逼問朋友半個多小時，竟然沒聽到她說出——「職業倦怠」，一來一往的口氣有股氣定神閒的韌性，更顯得我浮躁幼稚。

那幾年，我總是在職場轉來轉去，後來才知道並非厭倦工作，而是心態一直都沒長大，把成就看得太表面，以為完成任務就是盡責，對組織或許是如此，但對自己的人生完全不是這樣一回事。

”工作做到沒勁就想放棄，這種態度是對自己不負責任。“

要取得多大的成功，是工作的附加條件，如何游刃有餘地走完全程，才是最該費心的事。職業倦怠，就像是半年沒有性生活的夫妻，一開始的火花呢？那種奮戰整晚都不覺得累，甚至激烈爭吵過後，緊緊抱著說還是最愛你的盲目感覺，究竟到哪裡去了？這些形式上的愛，一旦走入婚姻，如何經營就變成一種責任。

工作也是，沒有一份工作是完美，懂得將一開始的澎湃激情，轉成涓涓細水

才能長流不止，更重要的還有工作與興趣的平衡之道。

每當我關掉辦公室裡的最後一盞燈，走進電梯看見自己疲倦的臉，內心更迷惘了，心力交瘁，絕對不是我想要的結果。

離職後，回台南老家休息了三個月，重新感受自由為何物，見見老同學，晚上到小酒館喝一杯，在平日沒有觀光客的老店坐上一整天，聽媽媽喊著「晚飯煮好了！快下來吃飯。」一個人在台北生活繃太緊、太久，好好重新感受最初的自己，對我來說是最有效的放鬆。

重新歸零、啟動，準備到新公司上班的前一天，我決定換個態度面對下一段職涯，於是瀟灑地把筆電留在老家，只帶著隨身碟回台北。**從今以後，該處理的工作就在公司內處理，回到家就盡情耍廢、好好休息，手機功能有限，就算工作狂的癮頭突然發作也奈何不了。**能放才能收，堅持不加班後的工作效率變好之外，生活品質（尤其睡眠）確實改善很多，不再對鬼打牆的人生感到崩潰。

對於工作狀態，要有時常自我檢視的習慣。無法達標而產生的挫敗感是能力不足，倦怠則是想逃離問題所致，若身心狀態不佳又不想放棄，工作就成了精神牢籠，徒留折磨的。工作是足以撐起人生的重要樑柱，但也不能放任它壓垮自己。

職場求生法則

事情做到好，但不必做到滿，比較不容易彈性疲乏。做不完的事也不帶回家處理，一切等明天再說。薪資並不是賣身金，下班後「放過自己」，是我這幾年一直在學習的事。

選錯工作不過像迷路，別因風景陌生而心慌。

我是個路癡，而且是超級路癡，就算拿著地圖也沒用。早期的導航系統很不靈光，某天我開車從台南市區要去六甲山區拜訪客戶，原本往東直走就會到，沒料到我一個閃神走錯匝道，一路向南，快到屏東才發現走錯路。

南二高公路系統比我的掌紋還要複雜，原訂四十分鐘的車程，足足花了三個小時，由於遲到太久，打算一進門就直接下跪認錯，但客戶卻沒生氣，反而像失智老媽媽終於被找回，那般釋然、溫暖的笑容令我難忘。

認清自己眼光不好，運氣又差，對於走錯路一事慢慢可以理性應對，之於人生跟工作都是。對於嫁錯郎、上錯床、入錯行，我向來都是同一句話：

「會到就好，不管早到晚到。」

在工作場合認識了好友P，他的工作經歷相當豐富，早期做過節目製作、經紀到出版行銷，說話有條有理，是個能適時換位反思的人。年前P說：「威廉，我最近開始投履歷，過完年確定要換工作了，做了一年多，我確定這份工作不是我想要的。」收起書稿的視窗，我停下來專心聽他說。

P嚷嚷要換工作已不是第一次了，試用期剛過就問過我：「這份工作好像跟我想的不太一樣。」往前推算三個月，當時他報告新工作時的口氣，雖然踏實淡然，有著滿滿的期待。P在三十歲那年從娛樂業轉到出版業，只為求得能力上的更多可能。

很明顯地，P那半年談起工作總是無精打采，也試過關切詢問，但他都會自動換話題，要我別聊這個不如談談自己。起初，**會提醒他若沒辦法改變環境，就不如花點力氣改變自己，學習順從新公司文化及做事方式，是職場的適應法則。**

他很清楚想追求的是什麼，並不是一開始就軟爛不想堅持，用九個月的時間來驗證眼光，先做到公司要求，碰到不喜歡的工作項目、加班、很雷的同事通通吞忍下來，努力將自己推上軌道。先要求做得穩，再決定要或不要？是P在這幾年磨出來的務實心態，才能斬釘截鐵地決定去留。

我心疼像P這麼認真的人總是努力嘗試、努力工作，到頭來發現還是錯，一再被理想拋棄又無法懷憂喪志太久，為了討一口飯吃而不得不再出門工作，被生活壓在地上暴打，無力反擊變成喪屍。

辭職是早晚的事，**換工作是如此重大的決定，若一時之間沒有更好的選擇，不如先冷靜觀望，從不喜歡工作的原因裡找方向，哪些事是無法接受，且最好是經過實戰之後再來判斷。**以Ｐ來說，轉職前，他排斥出版業的緩慢節奏，轉職後卻無法適應大企業的繁瑣流程，以及凡事守舊的做法，釐清想法後，於是下一份工作慢慢有了頭緒。

我從Ｐ不喜歡的事反推出他喜歡的事——他期待工作彈性空間大、自主性高；公司大小無所謂，最重要是溝通靈活。至於接案或全職、哪個行業，則留到機會出現時再做決定，工作就在一問一答裡，漸漸看到輪廓。

抵達理想之前迷途難免，入錯行不是絕對的壞事，誤行遠路更要冷靜，以免一錯再錯。

還沒找到新工作之前，不能冒然辭職的觀念像一道緊箍咒，會讓正苦惱於做錯決定的人，沒有充裕時間去檢視；失去判斷力的結果，就是從這個火坑再跳到另一個火坑，反反覆覆將熱情消磨殆盡，最後就算長了歲數也無濟於事，始終在職場上飄飄蕩蕩。

路癡如我，以前只要發現苗頭不對，便會陷入判斷錯誤的自責。惱人的是人生可沒因此而放過我，終究得獨自抵達目的地，多餘的情緒波動只是白費精力，一旦深刻會變成擋路石呢。

職場求生法則

選錯工作不過是走錯路，請停下來看看四周，有沒有路可以通往你想去的地方？最怕的是你不知道要去哪裡，只因為陌生而心慌。職涯初期要轉行的包袱其實不重，若你是有資歷的求職者，等待時機的過程更是要老神在在。

沒有成長唯有耗損，就表示該離開了。

我待過的公司多半是責任制，二〇〇六年我進入雜誌業，當時媒體的光景像午後三點的陽光斜曬，正是舒服。扣除截稿壓力，月刊編輯工作算是夢幻職業，能擁有記者的專業形象，卻沒有報紙跟週刊相對緊湊，還能認識各領域的人，視野很廣。所以流動率低，入門很窄，沒有一點本事可是擠不進來。

然而好景不常，人手一支智慧型手機的時代來臨，臉書的強勢出現把紙媒讀者跟網路使用者的界線徹底打破，新聞內容整合社群功能，終將紙本雜誌送入夕陽。

二〇一〇年後，進到雜誌媒體的網路編輯命很苦，同樣是內容供應產業，卻反而以客為尊。幾年後我從紙本到網路，從基層到管理，正逢戰國時代，原生的網路媒體編制少則四位編輯，多達十位的也有大有人在。我從座位抬起頭來，能看到整個部門的工作狀態，盯著螢幕的木然，或是抓頭崩潰的瞬間全都盡收眼底。

二〇一五年，是用文章刷流量換現金的年代，網路編輯就像被資方豢養的奶牛，一上班就開始狂噴乳汁，奶水乾了再想辦法讓牠刺激乳腺，能榨多少就算多少。每當部門內有編輯提職呈，即便明知這份工作做久了對他也沒有幫助，但基於職責，我還是會慰留對方，每一個都是。

然而很諷刺地，身為主管的我卻是早所有人一步離職。每隔一陣子，就會有舊同事私下找我討論去留，少了績效包袱後總算可以誠實以對。先從近況關心起，包括待遇、身心狀態、產值、績效目標與分工，網路編輯大多面臨同樣的老問題，對外，得不到媒體記者應有的尊重跟禮遇；對內，千篇一律的工作內容跟高壓狀態，任誰都吃不消。

> 要是有個地方能尊重你的才華，又能帶著你成長，就儘管去吧！

當時任職的公司對於員工的職涯發展缺乏規劃，做一年跟做三年的差別不大，通常都是疲乏在先，再得不到薪水之外的回饋，於是便有了離職的念頭。雖然也是有要錢不要命的現實主義者，但多數公司的待遇都沒有好到足以收買快樂，不管怎麼跑，都跑不出十八層的苦勞地獄。

乳牛的命運就是任人予取予求，**對任何一種被迫耗損又得不到實質回饋的職業來說，過度重複的工作內容只能換來單一的職場技能。轉職的格局不大，頂多從資淺轉為資深。**我深信多數人在職涯前幾年肯定是理想派，不追求物質、不追求快樂，卻僅有少數能滿足他人的期待，而忘了工作應該是為自己。

何謂快樂？只要精神層面被滿足就稱得上快樂。公司跟員工理當是共生共存，待得住的員工，肯定是在工作中能獲得被重視，不管浪裡海裡多危險都願意去。可惜懷有良心的資方總是少數，「人再找就有」這麼說的老闆不在少數，如此狂妄地把員工當成免洗餐具用完就丟，也是一家公司流動率高的原因之一。

在工作場合認識N，第一份工作就進入汽車產業龍頭品牌，做起事來細心又有條理，談起事情也有著超齡的沉穩力道。一經打聽，才知道她是該品牌的種子員工，在校時期就因表現優異而被企業相中，有意栽培為重要幹部；畢業後先到海外集訓，通過重重測驗，再回到台灣分公司從基層工作做起。

最初是任職管理部，接著轉任行銷助理、總裁特助、公關部、產品部，到現在已貴為協理，掌管全台灣的經銷通路。N是讓我印象特別深刻的江湖奇才，幾次公事上的互動，就連簡單的握手動作都能感受十足的誠意，請到她是老闆的福氣。而她也很努力，成功將青春賭在肯花錢投資員工的組織，一路提拔，給予各種磨練機會與成長空間，毫無虛耗才會一做就是十四年，從未離開。

心力交瘁時，我很常問自己值不值得，若確定目前是持續變強的過程，再痛其實都可以忍，「該走了嗎？」、「我該留下嗎？」其實問題就是答案。**理想主義者不畏辛苦，只怕光陰虛度，當沒有成長，唯有耗損時，就表示該離開了。**

職場求生法則

只要工作上還有成長空間，再辛苦都不怕；就怕只剩精力上的耗損，這種時候請為自己設立停損點，走留在你心裡自然會有答案。

想要升遷加薪，千萬別拿離職來威脅。

「過年後老闆要是沒幫我加薪到六萬，我就提辭呈。」

K向來對自己工作能力很有自信，從老同事口中轉述這句話時我並不意外。在場人士聽到名不見經傳的同行一開始就要求薪資六萬，不管麻辣鍋裡還有涮到一半的雪花牛，放下筷子，開始你一句我一句地打探起K的背景。得知他既不是名校畢業，也沒有名牌公司加持履歷，英文不好，五年不到的年資在不景氣的媒體產業，還能開口要求高薪，便大膽斷言這位傳說中的K絕非常人。

每個人對於工作的追求不同，付出勞務想換得的未必是快樂，功利主義沒有錯，時機成熟追求更好的待遇跟職位理當應該。

> 升遷跟加薪是條件交換，追求的是雙方合意的結果，這樣的過程是談判，凡談判就得靠技巧，不是威脅。

動不動就提離職，或擺態請對方另請高明，聽起來刺耳又不留商量空間，這叫威脅。習慣出言威脅的人多少都有恐怖情人體質，你死我亡的威脅只會換來極端結果。但職場不是賭場，資方跟勞方永遠不會是對等關係，乍聽之下煞是灑脫，其實是最沒勝算的下下策。就算當下如願，很有可能只是當下而已。

我曾被自己的貪心吞噬，當時打定主意離職，新的工作早就談好，看準主管會慰留，故意獅子大開口要求加薪一萬，好讓他知難而退。沒料到主管居然答應，以互作退讓為由砍了兩千，加薪八千遠高於業界行情，當下不留說不過去；好景不常，三個月後，我從一場人事異動中壯烈犧牲，主管找到新人來取代我的工作，原本要去的單位早就逾時不候，最終兩頭空。

當時多希望自己在場，吐K一句：「六萬！你憑什麼啊？」

但畢竟都離職了，我沒特別追問後來K的加薪究竟有沒有成功。聽前同事說老闆重用他，視為左右手，應該就成功一半。然而，光把自己看得很重沒用，這也是很多人談判的盲點，眼界太窄、錯估情勢。**體制內每一個人都很重要（不重要的就是冗員了），每個職位所分配到的人事費用不同，基層員工取決於產值，管理階層則視能夠承擔所交付的責任而定。**

升遷加薪的首要條件是交出穩定的工作表現，有能力封頂之後，下一步再進入談判。曾有同事辛苦一整年換來加薪五百的慘案，遇上摳門老闆就要主動證明你值得更好的待遇。努力程度自由心證，如果長時間沒受到拔擢、調整薪資，此時的溝通絕對合情合理。正常來說，公司會明文訂定人事制度，若運氣沒那麼好，所在的公司習慣曖昧處理的話，那就轉為主動詢問條件，當面開不了口就用溫婉又積極的郵件來說明意圖。

有幾個不錯的時機點適合開口。近一年來有傑出表現，年中或年末考核拿得出好成績，主管便能順水推舟幫你加薪；或是部門內有人離職，遇上工作調度的陣痛期，趁著人事洗牌很有可能晉升調薪一次到手，但能否肩負更重要的責任，化主管的危機變轉機，都是成事與否的關鍵。

把那句「憑什麼」拿來問自己，時時省視，即便我現在離開體制靠接案維生，這句話仍是談判之前的自我評估。任何合作關係都是如此，要彼此認定值得，關係才有辦法長久。

先秤秤自己斤兩，不足之處再努力補齊，若是卡在主管，一定要先嘗試良性溝通，問出方向之後就要有心理準備，接下來辛苦是必然的。將會有一段時間，薪資會像胡蘿蔔般，利誘你加速前行，此時切勿心急，要給彼此一點時間，驗證自己能力足以勝任，同時也測試主管與公司的誠信。

能夠心無旁鶩地全力前行，絕對有好無壞。結局若不如預期，可別覺得喪志，或許現在的職務規格與你不符，短時間內要是能抱持積極態度，潛能肯定會大爆發，到別的公司稱王都有可能，因禍得福。

職場求生法則

工作上一旦到了自認沒問題的階段，想升遷加薪請主動詢問主管條件，用能力外加努力來爭取，千萬別用離職來做為威脅。要走就走是一種骨氣，慰留很可能只是拖延之計，沒走成的下場，通常是逮到機會就頭一個趕走你。

離職一旦浮出檯面，請力求全身而退。

一到公司，聽說業務同事R早上請了假。我們的座位是面對面，隔板不高，挺起腰桿就能看到她的一舉一動。因為那天我手上的事情很多，便緊盯著電腦螢幕，沒留意附近的動靜；突然飄來一股高貴的花果香水味，由遠而近，忍不住抬頭，是同事R，氣色好得異常。

針織外套、小蝴蝶結白襯衫跟鉛筆裙，搭配一雙有著防水台的細跟高跟鞋。罕見以全妝上陣的R，連毛孔都平滑發亮，像剛燒好的青花瓷，我趕緊把視線拉回電腦，發訊息給她：「妳剛剛去面試喔？」

「威廉你餓了嗎？我們去吃飯好嗎？」她也索性不打字了，直接站起來嗲聲問我。

「喔，好啊。」突然切換頻道，我有點傻住。

一出公司大門，走進平時買麵的小巷弄後立即惡鬼退散，終於能用正常音調說話：「你也太神了吧！怎麼不是猜我剛剛去約會？」

這位小姐因為業績不好，領了好幾個月的底薪，縮衣節食，意志消沉了好久，跟客戶開會總是很舊的黑色娃娃鞋跟牛仔褲，曾自嘲說：「反正客戶坐著又看不到我下半身。」

我趕緊問：「如何如何？對方有說什麼時候上班嗎？」

「他們希望越快越好，但我還沒跟老闆提離職，好煩喔！」

R算是業界前輩，自有一套應對進退之道，老闆留人是預料中的事，但她手腕好，先讓老闆知道新公司有哪些待遇條件，是短期內目前公司給不了的。

”提分手盡量帶著惋惜與感激，
承諾走出這道門不會忘記曾經的栽培之恩，
未來一定有機會再見。“

一個月後，她便照著正常程序離職，往下一段職涯前進，然而，接在她之後離職的我，命運就沒那麼順遂了。由於人事改組，新主管上任急著剷除舊勢力，一開始我還狀況外，一整個月沒事可做，主管拒絕對話，一時心急想請老闆幫忙解決與主管的溝通障礙，卻被反將一軍說我跨級報告，以下犯上。

很快便進入約談程序，小會議室裡只有我、新主管與人事部經理三人。美其名是工作狀況協商，其實我沒有什麼發言空間，對方急忙遞出一張離職申請單要我知難而退。突然間清醒過來：「噢，原來是這樣啊！」實在氣不過，想說都走到這一步了，便一併把這陣子受到的不合理對待說出口，指出這樣的辭退理由非常牽強。聽了之後，新主管臉漲得赤紅：「我在業界那麼久，沒有人敢這樣跟我說話。」

「太好了，那我就當第一個吧。要走可以，請照正常程序來，沒談妥離職條件之前，這張單我是不會簽的。」我很客氣地將離職單推回桌子另一邊，站起來走出會議室。

所有非自願離職的人都曾經歷一段度日如年的日子，記得相忍為謀，不管是誰炒掉誰，都別忘記身為員工的最後一點尊嚴跟權益。該拿的遣散費、預告薪資跟非自願離職單都要拿到。鐵了心要離開，就得拿出魄力公事公辦，當時人資軟硬兼施，請要好的同事來說情，還放話要讓我在業界找不到工作。

求助無門，朋友建議我打電話到勞工局的免付費專線諮詢，專員非常有耐心地聽完過程，確認離職意願，請我再跟前公司聯繫，試著盡到告知義務。若對方再不核准，我再撥一通電話正式舉發，勞工局將成立專案處理，屆時會發函給資方進入申訴程序。

怒氣收好，一切不動聲色，小蝦米若是找到靠山，可別起了歹念想要報復大鯨魚。**怎麼來就怎麼走，該拿的不要忘記，不該拿的也請不要貪求，不拖不欠是最俐落的結束方式。**

掛上電話前，專員提醒我千萬不可以自己簽離職單，到時一毛錢也拿不到，連帶影響失業補助，這點我謹記在心。我把致電勞工局的申訴過程，一五一十向前公司的人資說明，隔天所有離職程序快速跑完，回去簽妥交接單，非自願離職單以及含有遣散費的薪資明細當面交付。一個月軋完一檔三立長壽劇，終於殺青。

職場求生法則

離職一旦浮出檯面，不管是自願或非自願，從那一刻開始請不要相信任何人，軟的硬的都不要吃，請專注在該如何讓自己全身而退。

心留感激才能好聚好散。

從前，我是個沒辦法好聚好散的人，不管是生活還是工作，都任性得可以，想擁有一定的主控權，要或不要都由自己決定。接連幾次不完美的收場，才發現一段關係的存在或消逝，很多時候決定權不在自己，越是執著越是痛苦，這些年我總算才領悟到：**「合則來，不合則去。」分開當下的情緒震盪，從一道長波收斂成一個尖，痛苦萬分。由衷希望每段關係的結束都可以短短的、再淡淡的。**

行事曆跳出提醒「Z的離職日」，下班後，趕到前公司幫忙一直很照顧我的前輩Z打包。待了十年，最後竟被以不適任為理由遣散。深夜的辦公室裡只剩我們倆，一邊裝箱一邊瞎聊往事，想起當初離職時，也是他留下來陪我打包。把鑰匙放入信封壓在桌上，一起吃完宵夜才正式離開，印象至今深刻。

簡直像年末大掃除，Z累積十年的雜物還真是不少。我因此意外受贈幾袋禮物，抓著一罐Bulgari香水說是前年出差的禮物，旁邊有個袋子是到巴黎看秀時裝資料用的，再翻出一個Prada公仔，說他每年固定都會蒐集一個。從頭到尾都沒聽他抱怨公司，舊地重遊，自己倒是惆悵了起來。

「被公司這樣對待，你不氣嗎？」

「氣什麼？結局就是這樣，時間到該走就走，多說無益。」

換做是我就沒辦法這麼灑脫，早了半年被同一家公司辭退，離職當天，肩膀背了三、四袋雜物，雙手抱著紙箱在路邊等計程車，承受不住獨自收拾的唏噓，多虧有Z到公司幫忙打包。往後離職，我總會想到被辭退的深夜，能有個像Z一樣的人陪著真的很安心。

幾年後面臨另一次離職，我內心卻滿是感激，這段職涯的開始與結束都是你情我願。主管問起接下來的打算，我說：「應該暫時不會找新工作吧，要回學校把碩士論文寫完，先拿到學位再說。」只見他點點頭，沒有多說，我在確定離開之後，要在公司若無其事地保持熱忱真的很辛苦。

某個早上收到主管的訊息：「明天中午你代替我去一個亞太區的媒體餐敘，我已經跟公關知會過由你出席。」不明白如此重要的餐會，讓一個即將離職的編輯代表出席是否妥當？

”「到離職當天都還是員工，請做好你該做的事，不管它重要或不重要。」“

聽起來很嚴謹，但其實很暖心，明知道未來可能不再有機會共事，還能被視為團隊一份子。上班最後一天跑離職程序，主管恰好出差不在辦公室，事先已簽妥表單，只需要我到人事部與總經理室蓋完章，就可以離開。公文夾內多了一份非自願離職單，我詢問怎麼回事，人事部說：「知道你接下來要回學校念書，應該會需要用錢，一點遣散費是公司一點小心意，你可以拿著非自願離職單去申請失業補助。」

當下感動到想哭，但哭出來好像又太過煽情，只好忍著、道謝，從來沒在離職當下感受過如此溫暖的氛圍，一段關係居然有辦法可以平和收場。之後，我跑到墾丁的朋友家住了好一陣子，直到跟朋友說：「我覺得我好多了，可以回家了。」離開前，把這十幾天拍海拍山的照片洗出來，做成明信片寄給前主管一張，上面寫了好幾次的「謝謝你」。

曾碰過確定留不住人，就急著把我趕走的公司；也見識過多待一秒都覺得多餘，每一道目光盡是尖刺的工作環境，**不管句點畫得快或慢，能夠畫得圓滑溫潤，是彼此都該努力成就的結局。**

年輕氣盛時，我總抱著「此地不留爺，自有留爺處」的無謂態度，從沒想過離職可以用溫暖收尾。不懂被善待到最後一刻的幸福。若不幸遭受虧待，就換成你去善待這段合作關係的不愉快吧，展露大器也是一種鍛鍊。

職場求生法則

謝謝對你好的人，更要謝謝對你不好的人，心留感激肯定能好聚好散。明天開始便能往更好的未來走去，能不謝嗎？

醞釀比「生涯規劃」更好的離職原因。

我很喜歡《FIGARO》（費加洛）這本法國雜誌，尤其是日文版尤其被我奉為生活型態的聖經。十多年前台灣曾發行過中文版，當時曾隸屬於同一個出版集團，與我的辦公室位在同一層樓。可惜上班第二個星期就聽聞《FIGARO》中文版即將轉手經營，不久後，隔壁果真人去樓空，我桌上放著最後一期雜誌，封面標題寫著：「華麗的告別。」

多年後回想起究竟停刊與我何干，為何當時的我卻把那次的別離給記住了。

停刊後，所有員工必須面臨失業、換工作，現實跟精神層面得歷經一次翻攪，是何等大事。直到今天都還忘不了，那些氣定神閒說再見的時髦女子，如何傾盡全力做完最後一期雜誌，再各自往不同的道路走去。

關於離職原因，我想談的是心法，而非說再見的技巧。讀過幾篇人資專家的文章，對於求職信上的經歷自傳，他們的火眼金睛總有辦法看出破綻，是否要據實以告也曾困擾著我。後來我體驗到，不如鋪陳一個彼此都舒心的結局，而且越早越好。

”既然每份工作都是終究要結束的故事，
就讓過程精彩一點，替自己擬訂階段性任務，
好在離開那天無論主動或被動，
都能懷抱無愧於誰的釋然，姿態優雅。“

記起談完離職那天非常氣憤，甚至連下班卡都不打，直接拿著包包走人。踏出公司，我突然不曉得可以去哪，下午四、五點應該是忙到沒空理人的時候，撥了通電話給好友L，L說：「你還好嗎？這時間打給我。」

倒抽一口氣後，我決定輕描淡寫：「算了，還不就那些鳥事，我做到十月底，下星期一開始不用進公司，我們再約。」

約好幾天後見面，週五晚上林森北路的小居酒屋還挺吵的，他坐過來問我心情如何。

「一開始說好用一年時間把公司上軌道就走人，已經比當時多半年了，可以了啦！」

「威廉，你長大了。」

「其實是這裡太吵，我只能長話短說。」

被曾經苦心付出的公司狠狠甩開，換成誰都會難以釋懷，但我很快就得到平靜。回想一開始談這份工作時，所做的承諾其實都已經實現，原本就打算當成轉職中繼，這家公司能給我管理面的經驗值，有機會學習如何產出優質的網路內容，當初才抱著練功心態尋求合作。

第一年如約定將網站轉型成功，第二年決定留任，但因公司規模急速擴大，雙方對於營運策略開始意見分歧，就差那麼一點就差點要拍桌走人。過去都過去了，我開始把心思放在下一步，試著整理一份更為豐厚的履歷，好尋求新的工作機會。

隨著資歷增長，慢慢地對必然的分離感到平靜，那種難分難捨又狂悲狂喜的告別派對，越到近期越是少見。有過幾次戲劇化的離職場面，不管是自願或非自願，每次都是情感撕裂。可以的話，就讓它簡化成一封淡如水的誠摯告別信吧。

之後若有人問起離職原因，我總是淺淺回說階段性任務達成，再以在職時的績效證明所言不假。**別把心力花在埋怨無緣的前公司，情緒就像墨色，就算再濃烈也要記得輕放，既然該停頓的時候避不掉，那麼，接下來畫下的這一筆畫可能越淡越美，這才是面對新工作時應該展現的氣度。**

談到離職，我很喜歡「畢業」這個說法，雖然有點老派，但比起「個人生涯規劃」更覺得動聽。從上班第一天就開始醞釀，設定好生命週期，每過一年就像續聘一次，在有限的時日裡要達成哪些工作目標，而這些都將是你日後寫進履歷的實質成績。為了不枉此行，讓自己有目標的努力，好讓離職那天能夠無憾，下一份工作可以無縫接軌。

職場求生法則

只要能清楚自己所為何來，下一站又將前往何方，中間踏踏實實的鋪陳，直到最後一天都拿出水準以上的表現，要成就一次華麗的告別並不是難事。下次，當別人問起離職原因，就能無愧於心地說：「功成身退。」

Chapter 5

接下來的你要往哪走？

隨著資歷加深，將有更多工作機會可以選擇。當面臨工作瓶頸或想轉換跑道時，不妨先從興趣著手，因為從興趣延伸的工作，一定能有辦法越做越上手。

讓眼前這份工作成為最穩固的跳板。

年紀有了之後，我喜歡賴在家裡，哪也不去，甘心在溫室自然腐爛，唯一能讓我開門的是外送。夜店把我拋棄了也好，沒有惱人的頭髮殘膠，也沒有沾惹到大街上一點灰塵跟菸味，忙到累了大可以縮回床上，只要網路沒斷，就算不出門也可以知道天下事、朋友事。

由於出門次數非常有限，能見見以前共同出生入死的派對戰友總是特別開心。在朋友生日碰到S，雖然不喜歡過問別人私事，但只要夠熟，我還是會打聽對方現在做什麼，看看能否有多一些交集，尤其是工作上。記得上次聽S說想要開店，好奇準備得如何，他淡淡地說：「還是在百貨專櫃，就先騎驢找馬囉。」

S不算新鮮人，退伍後能有份固定收入，下班跟朋友喝一杯、吃點好料就已滿足，是典型的享樂主義者。常跑夜店開銷大，沒跟到聚會總有被遺棄的焦慮，但三、四萬塊的月薪在台北生活很難，房租就占掉薪水大半，剩下的撐不住每個禮拜的酒水錢，更別說還有就學貸款的還款壓力。於是考慮換工作，私下也找我商量過幾次，想存一筆錢開間咖啡店，為此，我鼓勵他先學習餐飲方面的經驗。

距離上次討論快過一年，他仍然原地踏步，忍不住回話：「你這頭驢也騎太久了吧！」騎驢找馬適用於時運不佳，沒有更好的機會出現只能先這麼做；S想應徵儲備店長以學習經營層面，但一直以來都是基層銷售人員，缺乏管理經驗，沒有公司錄用再合理不過。前幾個月猛丟履歷，換來無聲無息，漸漸失去動力後，困縮在目前職務鬱鬱寡歡，每到週末就更有喝醉的理由。

於是我建議他若是無處可去，就留在原職位努力爬上櫃長累積經驗，要不就直接轉職到餐飲業從基層做起。反正現在也常領底薪，換工作重新開始，對S來說其實機會成本還好。對待朋友我向來直白，便直接點醒他。

”找不到理想工作、不得其門而入肯定有其原因，失志沒有用，要有蹲點的決心，等待經驗與能力聚足，才能往更好的地方穩穩地跳。“

要落實職涯計畫，你得先盤點出現階段所缺乏的條件，不管是軟體（心理素質、能力）或硬體（技能、本錢跟工具），都得設法從現有工作一一蒐集。無法一次到位，就花兩次、三次，規劃階段性的轉職，每次通關就獲得一些技能跟寶物，等實力夠了，破關自然不是難事。

創業不一定就是活路，要成為勞方或資方是個人選擇，我自認沒本事撐住龐大的金流跟風險，早早就打定主意要當受薪階級。但受薪有高有低，我始終努力著讓收入提高，好來支撐我心目中理想的生活品質，這是我每天一早掀開棉被的動力。

既不是名校畢業也非絕頂聰明，職涯起步平凡無奇，若想在喜歡的領域追求封頂得靠巧勁，**開店也好、高薪也好，不管遠近都是目標，目標會讓我們每一天的勞動變得有意義，只要是真心渴求的未來，一旦怠慢連自責都來不及，更別說是虛擲光陰了。**

剛出社會時，我曾聽過一派說法，前三年要不斷嘗試，從失敗經驗裡找到方向。隨著就業生態的改變，要找到方向似乎得經歷一段漫長時光，何止三年，五年、十年轉職的人大有人在。看多了職涯居無定所的人，總是踉蹌地從這一頭滾到另一頭，跳板不穩才會半途腳軟，用大半輩子跌跌撞撞，換不到更好的工作，卻換來一身傷。

要避免職涯越轉越茫，在每段不甚理想的工作裡就得經營好自己，帶走往後用得到的資源，等到理想的機會到了，再一屁股坐穩。

職場求生法則

每次聽到有人說騎驢找馬，我總會忍不住想反問，是找不到馬所以騎驢，還是馬不給騎，只能騎驢？避免讓實力不足成為推託之詞，找馬之前，請先把這頭驢騎好吧。

勞力比例太重的工作不換也罷。

大一暑假我在錢櫃KTV打工，打卡之後的第一件事就是清包廂。清掃大夜班留下的一整層樓，多達二十間的包廂，包含被嘔吐物阻塞的洗手台。清完包廂後就要到營業中的樓層報到，白天客人少，再度是無止境的清潔，大理石桌面的接縫、沙發縫隙、椅背、口香糖殘膠、門檻兩側的溝……。印象很深某天中午，我跟另外一個工讀生在地下室的資源回收區，拿著鋼刷跟洗碗精，刷洗綠色的資源回收桶，洗完晾乾，再把資源回收的垃圾放回去。

不怕辛苦，但我怕一直都這麼辛苦。

從前家裡做木材加工，工廠裡的木屑、粉塵何止飛揚，一忙起來每天都是霧霾，隨便一擤都是茶色鼻涕。父親老是扯著嗓門在工廠裡跑進跑出，肩膀頂著一支大哥大緊貼在耳，用半吼音量談生意，而他的手可也沒閒著，不忘把長型木料送進機台，還得用餘光盯緊另一頭的半成品是否偏離輸送帶，像個被輸入多重指令的機器人，經常看得我驚心動魄，能到退休時十隻手指仍然健全，全靠老天保佑。

曾建議父親採用更省力的做事方式，將時間花在經營管理，出勞力的部分交給年輕員工。但老一輩白手起家的人作風保守，經歷過全家下田幫忙的農業台灣，做生意的觀念是能省則省，包括人力成本。對於我不在家幫忙，執意要外出打工，他一直沒吭聲，是高三那年成績掉到全班倒數第二名，怕我大學落榜才出言禁止，闔上成績單後，他說：「這種辛苦錢是可以賺多久？」

被責罵的心情低落，但當我發現父親一直都有自覺，更是難過。與轟隆巨響長年共存的結果是聽力受損，躺在家裡看電視音量總是開很大；腰椎軟骨也因搬運貨物的姿勢不良，禁不起磨損，這幾年老喊著腰痛又不去看醫生。上一代的勞動者，多少都背著職業傷害證明辛苦活過一生，就算是機器人早晚也要生鏽。

我既不是含著金湯匙出生，也沒有少奮鬥三十年的姻緣，事實擺在眼前，社會上僅有少數人的成功可以不勞而獲。既然身為多數人，**不如就早點體認到勞力是用來磨練技能，好把自己推到難以取代的位置**。

> “光有好手藝還不夠，同時具備管理能力才算真的出師，靠著單打獨鬥所掙來的收入，肯定沒有引領團隊來得可觀。”

想在下一份工作談到理想薪酬，比出力更好的方法是智取。換工作的時機是難題，稍有資歷的人要懂得做好長遠打算，心理狀態跟體能會隨著年歲改變，縱使青春再無敵，也終將消逝，拼不過一批又一批要錢不要命的長江後浪。然而，想要往上爬，工作越換越好可得靠技巧。

扣除不可抗拒的因素，每個人都有辦法自行決定去留，但要盡可能避免水平轉職。新工作若是職稱類似，內容與目前相去不遠，我建議不妨先按兵不動，換個地方繼續做同樣的事，縱使薪水多了一些，長遠看來，其實對履歷幫助不大。**除非新工作是業內口碑更好的公司，這段改變才有意義。**

成長過程中，養成我的警覺心，苦幹實幹到最後一定會有心無力。轉職也是轉機，職涯初期把專業能力的基礎打穩，與其光靠實力等待賞識，倒不如拿出企圖心，抓到機會就嘗試更多可能，承擔勞力以外的職責，不管帶人或教人都本著專業。

職場求生法則

隨著年資加深，你將有更多工作機會可以選擇，勞力比例應該要逐年減少，別讓汗水白流，這樣，每一段職涯的辛苦才會更有價值。靠腦袋、靠眼光的工作內容要慢慢加重，庸庸碌碌的工作不換也罷，職涯動輒數十年，光靠蠻力肯定沒法走太遠。

未必時候到就當得了主管。

換到第三份工作時，我已累積有五、六年的資歷，由於一直待在同個產業，所以經驗還算足夠。當時很想挑戰管理職，將履歷投到幾家雜誌社想應徵主編，收到回應的全是小公司。由於小公司人員編制少，要談到高一點的職位其實不難。但光有抬頭沒用，工作內容仍然跟基層沒太大差別，而我想磨練的是實質管理經驗，想趁早擁有理想中的職業格局。

那是工作挑我、而不是我挑工作的局面，想也知道是我的等級不夠。有幾個大型集團是我的心頭好，好不容易進到面試關卡，最後頂多也只談到基層的編輯職位而已，前面能否冠上「資深」，對方說要看試用期的表現再做決定。

> 先求有再求好，必須先接受初階職位，到一個公認的好環境證明自己。

果然大公司的做事規格就是不同，上班第一天，即被告知每個月有助理費可以申請，意思就是我可以擁有一名兼職助理，名正言順地請他幫忙。以往工作都是由同事支援，就算有助理跟工讀生，多半也是整個部門共同使用，機動性協助任何所有需要幫助的人，並沒有特定受命於誰。

助理A的名字被列在工作交接表，備註著手機號碼、信箱跟通訊軟體帳號，前一位編輯對他很是稱讚，急著引薦我們認識，能有一個比我更熟悉公司狀況的左右手是好事。A做事細心，能察覺到我的需求，但一個人蠻幹慣了，突然間不曉得該分哪些事給助理做，不好意思麻煩人就得麻煩自己。隔月截稿，總編輯發現我進度緩慢，隨口問：「有找A來幫忙嗎？你可以跟交接給你的編輯要他的聯絡方式。」

事後想來真是可惜，多數時間我只請他跑腿、買咖啡，做些基本的溝通聯絡，總覺得與其請他多打一通電話，很多事不如乾脆自己做算了。**讓助理淪為打雜、形同虛設，證明我的管理能力不足。**倍受挫折的我開啟人力銀行履歷、準備尋找新工作時，其中有一欄是直接管理人數，還記得當時「一人」勾選的有點心虛。

真正當上主管是在網路媒體，恰好是臉書的全盛時期，活躍的社群入口帶動網站流量，客戶將大把大把的鈔票往網路媒體灑。試用期過後，我如願成為企劃部門主管，接著轉調編輯部並暫代社群主管，控管全媒體的內容產出。從資深編輯一路升上主編，名片也跟著換，當時的中文職稱印著主編，英文卻是Chef-in-editor，總編輯。

正式升職的前一天，我跟老闆說：「中文寫主編就好，總編輯對我來說太沉重了。」

好的壞的，只要是網站跟社群平台上的公開內容，都得算在我頭上。剛結束年假，一篇惡搞黃色小鴨的文章誤用他人作品，對方堅持提告要求賠償，事發不到一週，撰文的編輯立刻提辭呈，雖然理解腹背受敵的感覺確實很不好受，但終究我還是核准他了的離職申請。

事後我一肩全扛，檯面上要處理網友洗版跟不理性的言語攻擊，同時還得自製簡報，向全公司宣導網路著作權的觀念；檯面下忙著找律師諮詢、進出法院，代表公司跟作者協商賠償。縱使心力交瘁，但危機處理能力與責任擔當，都是身為主管該具備的條件，我理當要慎重處理並視為一次難得的磨練機會。

經歷侵權事件後，我確實成長不少，權力迷人，能在職場定人生死；指揮大局確實威風，緊跟在權力之後的是責任。年資只是參考依據，就算公司給了人手卻沒辦法創造更好的工作績效，也是枉然。

資歷久不一定代表格局夠，比起一般同事，主管更像是職場裡的成年人。成年人不僅要對自己負責，還得對整個體制負責，擁有高度的自主性，但相對地，也得承擔自由意志所產生的後果，站在第一線挨著砲火。若只是喜歡掌控決定權卻不想承擔成敗責任，碰到問題時沒有解決問題的能力、而是下意識地逃避，行為造就格局，時時需要看顧的孩子還是比較適合被大人領導。

／職場求生法則／

職位、權力與責任，三位一體，想抓緊轉職時機，往管理職跳的人更要仔細評估，是否具足條件。未必時候到了就當得了主管，比權力更重要的是責任，這點必須很清楚。

履歷的厚度不迷人，精緻度才是。

高三上學期，我的書包裡總會塞著好幾個牛皮紙袋，裡頭有一堆申請文件跟書面證明，不同校系不同袋。早早就選定傳播與設計科系，推甄一間，申請兩間。那半年過得異常充實，為了不用參加大考，我無所不用其極，沒作品就生作品，跟幾個同學窩在美術教室裡練畫，畫一張是一張。幸好我向來都熱衷競賽跟研習，擁有不少獎項證書，備審資料自然厚厚一疊，老神在在。

口試當天，我抱著一本裝訂粗糙的作品集跟資料袋，上頭用雄獅黑色奇異筆寫著科系名稱跟姓名，字跡有點可愛。走到面試會場外的走廊，像極了馬戲團後台，通過初審的學生們各自帶著拿手絕活，簽到處就在鋪著紅布的折疊桌，繳交資料時我瞄到幾本精裝書，很顯然是競爭對手的一生回顧。

還來不及明目張膽地看，就聽見有人大喊著借過，一台堆滿畫框、立體模型的手推車正緩慢前進。教室門口，一位黑髮女孩臉色蒼白地抱著資料袋，下一個就輪到她，進門之前，家長快速遞過一個黑色的YAMAHA小提箱，裡頭放著長笛。當時，我很確定自己不是申請音樂系是設計系，居人有人拿樂器當面試加分表演，相比之下，我的無所不用其極，還真的是無用其極。

後來，幸運地被兩所校系錄取，成功甩開大考壓力提前放暑假，外加當月中了兩張千元發票，就讓我更加篤定，這一整年的幸運都紮紮實實地用掉了，無憾。那次的海選經驗太深刻，往後一有面試場合，我總想用鋪天蓋地的經歷跟作品集來增加安全感，就連轉職也不例外，履歷夠厚才算實在。

在小型雜誌社待了快兩年，從人物、服裝、鐘錶跟專題通通一手包辦，帶著一疊超厚的作品放心離開。隨後，花了幾個晚上把曾經負責的雜誌頁面用美工刀細細割下，放在資料夾裡裝訂成作品，提著大包小包，準備去赴一個資深職位的面試。翻開活頁冊，每一頁都是我的心路歷程，流水帳似的一發不可收拾，對方突然打斷：「威廉，每個項目挑一個最有代表性的講就好，我等一下還有兩個會要開，沒辦法聽你一一細說。」

> ”想證明自己的努力，其實可以更有技巧。面試高階職位時，公司看重的不會只有努力，在專業領域的特殊成績才是出線的關鍵。“

抓重點是許多人欠缺的能力，很常看到同事超過二十頁的簡報只為表達一個結論，洋洋灑灑的過程描述，就像自助餐的廉價炸蝦，撥開厚厚麵衣後才發現，整隻蝦根本只有一支蠟筆大小。**工作表現是結果論，足以寫進簡報的一定要夠特**

殊；做事不得要領也會反應在履歷上，太冗長的心路歷程沒人有耐心聽。想追求精準，必須像射鏢一樣不斷練習，力道、穩定度跟視角缺一不可。

多虧面試失敗的洗禮，這才明白無法知己知彼才會落得盲目追求報告的厚實感。前後交手過幾個業界大老，以及經過獵頭顧問（Head Hunter）的耳提面命，我才了解到真正高手的說話技巧是言簡意賅。**將十年經歷濃縮成十頁簡報，再用十分鐘的時間讓對方感受專業，前十分鐘建立信任感，剩下的五十分鐘最重要，不著墨太多豐功偉業，直接談理念跟實作技巧，讓鏢鏢都命中紅心。**

能通過初步篩選，多半已從履歷表感受到你的能力，進入面試程序是想印證彼此的期待，消除疑慮，藉由面對面溝通來感受個人特質，判斷能否勝任這份工作。面試時間有限，若把時間花在不得要點的流水帳報告，簡直是浪費。外商大廠慣用的英文簡式履歷就是最好的規格佐證，單憑一張A4紙想厚也厚不了，如何讓它看起來很有份量，追求精緻度才是正經事。

職場求生法則

虛耗時間不僅是面試者做簡報時的通病，也是多數人的職涯狀況。認真不等於精彩，為擺脫平庸無味，每段職涯都得創造亮點，你的成就門檻是別人所不能的特殊表現，才是一份履歷應該要有的豐厚。

資歷不夠，太早吃回頭草會噎死。

跟幾位前同事約在一家老牌臺菜餐廳，菜還沒上，幾瓶啤酒已經開喝。是T最愛的台灣金牌，第一杯先敬好久不見，第二杯之後的隨意是默契。成為自由業之後，我只能透過定期聚會來知道同事們近況。隨著離職時間越久，更新工作動態的時間越來越短，大家不想多聊公司的事，而是聊婚姻、聊小孩、聊最近遇到哪個很準的算命老師、哪家醫美的肉毒比較純……任何生活裡細到微不足道的瑣事，都要趁著這頓飯拼命地倒。

我蠻喜歡從互助會轉變母姊會的氣氛，終於跳脫吐苦水的年紀，現在的我們都曉得重心該拉回生活，不再開口閉口都是公司如何好如何壞；幸不幸福、漂不漂亮，有沒有一個可以依靠的對象，講沒幾句就互相消遣。一個沒防守好，話鋒總會轉到我身上，逼問我這麼久沒談戀愛，夜深人靜要是空虛寂寞覺得冷，該怎麼辦？

蠻想請幾位哥哥姊姊、叔叔阿姨、嬸嬸大舅媽少說幾句，雖然我知道這是自己人才會有的關心。

此外，老同事也是最好的職涯商議對象，如：需要分享合作廠商資訊、接任管理職時要有哪些做事眉角、想轉調部門時該怎麼談，都能給出還算實用的建議。當偶爾需要智囊團討論重要決定時，母姊會便再轉場到研討會，一個晚上就能討教出各式創業心法。C聊到明年的計劃，我們這才曉得前公司曾向他丟出一把回頭草。

「老闆找我回去上班，薪水條件跟職位都比現在公司好。」

「你想回去嗎？」

「我瘋了才回去，又不是無路可走。」

一票平均年齡超三趕四的男男女女都有共識，除非走投無路，否則吃回頭草這件事誰都不做。要評斷職缺優劣，該不該去，光看薪水跟職位太膚淺。

”讓工作技能深一點、穩一點，擁有專業能力是轉職的基本籌碼，想要有更開闊的未來，不該總是跟同一群人打交道。“

三十歲前，我的職業光譜很窄，怎麼換都不離開雜誌圈，曾有業界前輩找我去新創產業，猶豫好久最後還是推辭。當時仍有媒體人的風骨與理念，想做出成績再走，但所謂成績究竟是個人職涯成績，或單純成為資方的生產機器？績效是可以被數據化的產值，這一切直到我成為自由工作者、一隻腳跨到其他領域後，才慢慢看透。

聽到帶過的編輯C被前公司找回去並不意外，年資越淺越容易吃回頭草，一方面念舊，但能力有限是主要問題。一般來說，對於回鍋我往往持反對意見，離職不到兩年，前老闆再度敲門通常是為了應急，就算條件更好、職位更高，無非是利誘手段。**短時間內，同一個體制不會有太多變化，就算組織變動、人員替換，但最重要的公司文化還是沒變的話，既有問題能改善的程度有限。**

那些決心不回頭的人，無非想要未來有其他可能，哪天要是準備好了，吃回頭草也不失為風光。

決定回去之前C來找我，說舊公司的薪資跟職位都給得很有誠意，賦予基層管理權限，還有更多專案統籌的機會；而現在的公司限制較多，只能報導特定範圍的內容，沒辦法讓他做最感興趣的網路節目，反而像個文字機器人。回去後的新職務，反而更貼近他理想的夢幻職業。

問他：「你準備好了嗎？」為防止理想被無良老闆消費，得有能耐創造全新格局。從離職到回鍋的這段日子裡，C的眼界肯定打開了不少，能力是否成長到足以改善舊體制，是最需要在乎的事。

職場求生法則

所謂太早，是彼此都還沒準備好就貿然應急。離職時的問題如果仍然存在，再怎麼努力都像掙扎，終究得重蹈覆徹，挫折感更深。回頭草並非不能吃，而是雙方都得各自變得更好，重新點燃的火花才會更顯耀眼。

興趣是轉行時的一條活路。

應該是年紀到了，換工作的話題在我的同溫層裡被討論的次數漸漸變多，有些人在既有領域裡找到新路，有些人則是心一橫，選擇到陌生環境闖蕩。很顯然地，產業結構瞬息萬變，催生就業市場快速淘汰的機制，讓圈子裡的人不再感到舒適，一直守在原本位置形同坐以待斃，是這一代年輕人被迫接受的共識。

編輯這份工作我爬了好久，中途也跪過、被打趴過，就像所有讀過的勵志書教會我的不灰心，拍拍泥土趕緊站起來衝。因為對時尚媒體產業滿懷熱情，好不容易等到機會往高處一站，我望啊望，發現風景並非書上寫的那樣迷人。能趁工作之便見到仰慕已久的名人、受品牌邀請到國外看時裝秀、搶在所有消費者之前看到最新商品、握著版面報導的主導權偶爾跋扈……等，要一些不成氣候的小任性。

「夢想這條路終究是走上了，然後呢？」我問自己。

職涯能有新格局，得感謝上個老闆把我給扔出門外，成不成功在現階段還無法斷定，但至少能撐起自己理想的生活水平，偶爾享受一些低調、但價格不菲的消耗品；嘴饞的時候能放肆，沒把自己給餓著就算好日子。無業人生超過兩年，我從來沒有過那麼長的時間沒正職工作，最多半年就夾著屁股滾回職場，帶著灰頭土臉。

不想再走回頭路，是這段時間支撐我的力量。做什麼都好，就是別再做一樣的事。抱著自廢武功的決心、跨領域轉職，若老想著大不了再跳回原來的產業，通常撐不過一年，又過著跟離開前幾乎雷同的人生。**心理上必須先有覺悟，一定會有高不成低不就的尷尬期，薪水不如預期，位置也沒之前舒服，陌生環境牽不**

到人脈能讓你走路有風。

那就起身再找更好的風景，是熱情殆盡的第一個念頭。

工作久了，總會聽到內心的聲音說「差不多了」，在原先領域找不到成就感、日復一日的呆板節奏，會讓人萌生轉行念頭，我也不例外。斟酌許久後，我決定換一個沒那麼擅長的工作，又不背離興趣。當時離開媒體業的我，最想嘗試廣告行銷，但沒有一家公司願意以資深的薪資條件雇用，既然進不了體制，不如先從接案做起，在場邊撿球當練習，抓對時機再報隊。調整好心態，再來求技巧。

我向來不喜歡靠關係找工作，沒有實力的人情交換只能一次性，好不容易搭到線，第一個能推銷自己的機會絕不能錯過。與客戶見面一定要有備而去，我從學生時期就特別關注網路趨勢，一直都是網路重度使用者，靠著對數位廣告生態的了解，以及文字與影像的能力，加上做過功課，研究客戶的競品與商品特性，總算在沒有直接經驗的背書之下，我接到生平第一個網路廣告專案。

“別因工作忙碌而犧牲興趣，興趣會是你轉行的一條活路。”

好友W是當年的學霸，台大外文系考取台大新聞研究所榜首，畢業後順利進入新聞台擔任國際新聞編譯，時常要配合外電的時差，工作日夜顛倒。好幾次上班途中碰到他，剛下班走出辦公室一臉疲態，以為高學歷、高顏值又有拼勁，肯定能一路高升。直到我偶然問起椎間盤突出的治療方式，這才知道他早就離開新聞台，成了瑜伽老師，偶爾接接外文小說的翻譯，日子過得清閒。

時常看他在臉書分享瑜伽練習心得，定期前往印度受訓，會有這般轉折要說意外也不意外。一開始也擔心生活難過，但想到回電視台也只是領死薪水、被工作不斷壓榨，就更有勇氣向前；現在的生活模式他很滿意，每當我煩惱起工作與成就，怕自己年紀一大把還一事無成，他總會安撫我說：「不用這麼嚴肅，開心比較重要啦。」轉換跑道後的他，心，確實開闊很多。

「找會做的人，不如找肯做的人」有這種用人心態的公司不少，要證明自己足以勝任新工作有兩條路，**一是靠作品跟經歷，穩紮穩打；二是選擇捷徑，適不適合全靠個人特質，特質則是隨興趣累積而來**。可透過經營喜歡的事來做為履歷表的補充說明，跨領域轉職的難度較高，而網路是可以好好善用的平台，心態若調適好、拿出佐證，縱使沒有相關經驗，若對產業生態有一定程度了解，即使沒有專業，擁有基本技能，就能大幅提升被錄用的機率，轉行也不會是太難的事。

職場求生法則

對於職涯規劃盡量避免過於單一。可趁工作之餘，多培養一些第二甚至第三專長，多面向經營自己，即使哪天需要轉行，換到一個沒這麼擅長的領域時，陣痛期也不至於太長。

空降部隊也有試用期，別一到新環境就宣戰。

想融入新環境就得必須主動。從台南到台北求學，我在陌生的城市裡，一邊忍受孤獨一邊長大，就算沒飯可吃還是想追求理想，活著的每一天都不能鬆懈，只求讓雙腳快快長根，淺淺的也無所謂。算算已有十六年，大半時間我都在適應陌生，好不容易隨手抓了幾塊土當作歸屬，城市再大我都得想辦法站穩、站挺。

對新環境的種種不適，可以用浪漫心態積極治療。把初來乍到的情景拉到職場上，若是時常姿態太過堅硬，讓場面變得尷尬，新舊互斥的結果不是你死就是我亡。職位平行的同事往往較能以同理心對待，若遇到一拍即合的夥伴總會巴不得拉他進同溫層，吸收成為自己人。

換作是成為別人的主管就沒那麼容易了。卡住舊勢力的升遷機會不說，被高層找來的空降部隊註定不討喜，之所以有這個人的出現，就是因為現有團隊裡沒有人可以符合要求。這點要先認清，公司才會請外來的和尚來唸經，新官挾著三把火從天而降，為人部屬若不順從肯定吃虧。

不論是新主管亦或新同事，大家都是先後來到同個環境打拼的人，對待生面孔要有接納的胸襟，除老闆以外你我都是異鄉人，公司不是家，不需要凡事加註所有格。**沒有誰是新的或是舊的，只有好的和壞的，可留或不可留，能力才是淘汰法則，不管哪個位置都是。**

”

一開始就宣戰是不智之舉，別把時間花在無謂的鬥爭。

就算是空降也有試用期，在你適應環境的同時，環境也在適應你。

“

新同事到任第一天跟大夥兒自我介紹：「我是新來的主編Y，公司請我來管你們。」這句話聽來刺耳之餘，更令人摸不著頭緒。向來大家習慣的工作模式是直接對老闆報告，無預警地多了一位新主管，幾個同事在群組裡七嘴八舌，人心浮動，最資深的業務老鳥要我們冷靜，無關善惡，先把自己該做的事情做好，釋出善意並花點時間磨合。到第二個月，新主編還是沒辦法掌握部門狀況，幾次大型會議都處於狀況外，很快就被公司約談，不久便離職了。**未必握有權力就穩操勝算，跟現有團隊合不來的結果就是另請高明。**

過沒多久，另一位頭銜更大的人物出現，這位新來的總編輯顯得老謀深算，早已備妥自己的人馬等著攻城。有過前車之鑑，部門裡的同事仍以不變應萬變，各做各的事，不因為誰來誰去而影響自己的工作表現。沒料到對方跟老闆抱怨現有的團隊不配合，無法共事。一聽到風聲，我們一群老同事就立刻擬定對策，為了全力拉下新主管，裡應外合、無所不用其極，故意不配合想要架空新主管，無奈卻一個一個被踢走，並換上他介紹進來的人，直到整批人全被換掉。

職場上切記收起天真，要有察覺主流勢力的敏感度，最健康的心態是把空降部隊視為援軍。**位置在上就積極融入，位置在下就盡力配合，若想要保住飯碗就得創造雙贏，收起所有排外的攻擊性策略，尋求整合。**把腦筋動在該如何適應彼此，確保未來在工作上能合作無間，讓彼此成為自己人。切記別製造問題給老闆，拼命告狀可沒半點好處。

任何妨礙公司運作的阻力，最後多會「被消失」，不論所處的位置是高是低。

若能放下成見以團隊為重，無論誰上任都不改積極態度，穩定交出好成績以成為最佳助攻，相信不久的未來，一定會被劃進信任圈，被新主管所倚重。等到哪天能力足夠，也被挖角成為別人的空降部隊時，可別帶著舊思維去到新環境，沒人喜歡聽你老是嚷嚷前公司、前同事有多上道。為求盡快融入團隊，**先把自己**

回復原廠設定，不預設任何立場、海納變化，才有辦法長久生存。有氣度的人其格局肯定不會小，工作肯定也能越換越好。

職場求生法則

要適應職場新環境，記得先將一切歸零。不論是對待新環境還是新同事，都要有能包容各式差異的格局與氣度，收起攻擊策略，才是到哪裡都受用的生存法則。

碰上挖角，請先停、看、聽。

工作到第九年，我收到一封獵頭顧問寄來的推薦信，某新聞媒體集團想找高階主管，負責網站內容規劃跟營運，隔年計劃成立新平台專做高端時尚，商務人士跟各界菁英是他們想經營的讀者。七位數的年薪太誘人，恰好又跟自己的志向不謀而合，原本打定主意要離開媒體業，但面對銀彈跟理想的雙重攻勢，不動搖還真說不過去。

思考後，決定進一步溝通細節，同時向業界朋友打聽是否為地雷職缺。普遍聽到的評價都不錯，讓我精神為之一振，縱使一路跌跌撞撞，也總算在工作第九年親身感受何謂挖角，算是莫大的肯定。花了幾個晚上做完一份稱頭的簡報，把被告白的情緒收拾完畢，事先用加班時數換假。嚴格來說，雖然不算競業，但這場面試必須採無痕模式，不管結果如何，都要處理得像沒發生一樣。

星期五下午依約前往面試，地點在我熟悉的內湖媒體園區，依照流程在會議室等待面試官。由於事前做了功課，看過幾篇專欄對她印象不錯，有幾個觀點挺有趣，敘事條理是我很愛的菁英口氣。果真一走進門，是位氣質學姊型的女性，幾分鐘之內就接到頻率，有好一大段時間都在交換彼此對工作的熱情。

見氣氛熱絡，她把話題繞回我現在的工作，關心為何想離職，進一步詢問任職公司的人力配置跟獲利模式、廣告售價。快半小時的太極打得很累，當她問到後台流量數據時，我再也含糊不了。便直接了當的說：「我現在還沒離職，而這些問題太敏感，算是商業機密，礙於職場道德請諒解我無法回答。」

室溫瞬間低了三度，我婉轉切入對方所開的職缺內容，應該是很好的台階。聽完答案，簡單說是希望我能帶著業界資源與專業，獨立撐起全新的網路平台，技術面會有專人負責，草創初期也有一位直接管理的編輯。想問的事情都問得差不多了，基於相談甚歡的融洽氣氛，我忍不住卸下心防，實話實說。

我從產業現況、菁英讀者的閱讀習慣來推斷難行之處，經營時尚媒體雖還稱不上專家，但有許多實戰經驗可以提供面試公司參考，是否要修正職缺內容跟新平台經營的配套策略，我選擇點到為止。**散發樂於合作的積極態度，是給自己留條後路。**將近兩個小時的面試後，對方要求在一週內繳交初步的營運規劃，還有一整年的績效指標跟成本。

對我來說，這場面試是從媒體變成自媒體的黃金交叉點，特別是心理層面的糾結，同樣是規劃新事業，究竟要選擇換一個職場展現能力，打造全新的線上閱讀平台；還是把做大事的心力放在自己身上？猶疑不決到最後，我決定先寫一封信表達感謝，說明自己還拿不定主意要如何踏出下一步，為免擔誤對方時程，不得不先放棄第二階段的面試，因為我有一趟遲來的「Gap Year」必須要先走完。

那是我職涯中最接近夢想的時刻，可惜光彩終究沒有到來。

面對工作，我絕對不是人為財死的一派，至少到那個當下都是。努力得越久，就越在乎所做的決定是否偏離理想，能被挖角，絕對是自身能力獲得肯定的證明。

> 在這之前，請先累積在業界的良好口碑。別被虛榮感沖昏頭，判斷時機是否成熟，就算對方重金邀請，也得剛好是時候該走。

夠理性就能守住節操，就獵頭的行情來看，年薪不到一百萬的職缺頂多算介紹工作。錢再多、職位再高，切記都不要喜形於色，要有歷練風霜的大器格局。**對方公司一旦拋出橄欖枝，動作再細微都得本著優雅，尤其同業跳槽的風聲會傳得很快，請隨時做好被開除的準備，危機感會讓人步步為營。**所有推測都不及實際面對面了解過後，再傾聽內心的聲音，分析出利弊再做決定。

幾個月後，我繞完地球大半圈終於有了答案，旅途中收到陌生號碼發來的簡訊，是當時面試我的氣質學姊：「想請問你目前想法為何？我朋友的公司在找營運長，主要工作是監督流量。記得你說過不是很喜歡只看流量的工作模式，但還是想問問你有沒有興趣跟他聊聊。這是我的Line，方便的話，我們再詳聊，感謝！」

同事沒當成，感覺多了一個朋友，真不錯。

職場求生法則

工作遇上挖角，請記得先靜下心來思考，時機是否成熟，若利多於弊，再考慮如何優雅的下台。

八字不夠重的人，別輕易答應跟朋友合夥。

幾天前，大學同學在臉書分享一篇文章，主圖拼了兩張照片，很多學生枕著外套索性睡在地上；另一張是反坐在課桌椅，一顆頭懸在椅背，分不清楚是掛著還是掛了。題目寫著「美術、設計系學生都這樣睡覺」我立刻按了愛心，懷念起學生時代總是做不完的作業及睡不夠的覺。

喔，還有吵不完的架。

大學四年來經歷無數次分組，和同組同學們得用一整個學期來完成共同作業，撕破臉的力道最大。當時不過二十歲的我們，心智沒成熟到能夠溝通與包容，一吵就是勢不兩立。吵架有好有壞，確實也在不斷合作的過程裡找到「鐵咖」，鐵咖是擊不垮的樁腳，非常稀有、珍貴。習氣會讓某些人漸漸聚集，到哪都黏在一起，而分組就像油水分離，攪和久了，自然就分成兩層。

升上大四開始畢業製作，聰明人都曉得別跟好朋友一組。好不容易撐到最後一年，不想冒上絕交的風險，轉而尋求互補。就像組隊打怪一樣，以距離美感為前提，找能跟自己配合的組員，最好是各懷本事。最後我決定自己一組。多虧經歷過學生時代的分組文化，讓我對於組織運作有了初步的體認，喜歡哪種工作模式，在多次分合過後，心裡自然有數。

最常拆夥的原因是計較誰付出得多，誰又做得少。這輩子聽過抱怨不下千百次的「他都不做事」，不是不做事，而是對於工作份量的多寡，每個人都有不同的評斷標準，若真要計較，肯定計較不完。**選擇合夥就得先學會包容，摸清楚對方在意的是情還是錢，自己求的又是什麼，再做選擇。**

重感情的人像水，重好處的人像油。合夥對象的屬性相同就能各自安好，放在不同鍋裡，一經高溫加熱都能把食物滾到軟爛、炸到金黃酥脆；但要是擺在一起油水不容，大火一滾肯定爆炸，各自灰飛煙滅。感情容易誤事，往往一頭熱會讓兩個做事理念相斥的人，誤以為可以共生共存，合夥結果卻以悲劇收場。

「不如你來我公司幫我吧！」聽到這類的邀約我總會心頭一震，一開始談得火熱，最後撕破臉的大有人在。「幫忙」這個詞天生自帶氣度，頂多負起道義上的責任，做起事瀟灑得很，況且幫得上忙也是對自己的肯定。**短期的幫忙算是合作，前提是互相信任，共同完成一件事對彼此關係的磨損頻率沒那麼高，時間一到就結束，相對殺傷力也沒那麼強；但合夥可就沒這麼單純了。**

“幫朋友的忙可以，但要先談好是合作，還是合夥。”

習慣去的髮廊是老友D的心血，創業初期他找了同為髮型師的K到店裡工作。沒多久，便聽到K離職，轉到別的髮廊工作。詳細原因我其實沒興趣知道，但子彈在飛不是想躲就躲得了，輾轉得知K是不滿業績分紅制度，導致這段關係最後以理念不合收場，後續發展我不敢看、也不敢問。

談到合夥，我向來都謹慎以對。投資分股、創業、到朋友公司上班都算合夥，在同個體制為同個目標努力，只要牽扯到利益成效，縱使情感再堅韌也禁不起複雜化。**幫不上忙的遺憾不過幾分鐘，合作的最差結果只是不再合作；但合夥的盡頭是拆夥，殺傷力道很大，並非一般人承受得起。**

有把握合作夠久，再談合夥。

既然合久必分，自然也有分久必合，但人生能有幾個機會，可以等待分合循環到最後變成彼此釋然的快樂結局？職場是利益導向，一旦扯上錢的問題，凡是正常人都不可能做到無私不計較，非親非故的，更沒有百般包容的必要，就算是以血緣維繫的家族企業，多數成功案例也都是各自為政。

旁觀者清，能適時出手救援的姿態永遠最瀟灑。出社會後，能留住的人際關係都很珍貴，不像學生時期的群體組成是被動的；當人際關係建立變成主動，要經營一個能夠信賴的好朋友，光靠一時契合還不夠，時常得花上大半輩子考驗再考驗。

我天生八字輕，一碰到感情就變成易碎品，因此，不和朋友牽扯利益是我的原則。合作比合夥容易，和朋友合夥到最後，感情越磨越堅固的例子實則寥寥可數。

職場求生法則

把醜話講在前頭，與朋友理想的合夥是採專案配合，階段性任務完成就離開。不將彼此綁成命運共同體，包袱自然就沒這麼重。以人情為引子，不傷感情談錢的方法就是在商言商，立場守得越死就越安全。

最後下班的人，先離職

作　　者 | 威廉 / 曾世豐 William Tseng
發 行 人 | 林隆奮 Frank Lin
社　　長 | 蘇國林 Green Su

出版團隊

總 編 輯 | 葉怡慧 Carol Yeh
主　　編 | 鄭世佳 Josephine Cheng
企劃編輯 | 楊玲宜 ErinYang
裝幀設計 | 朱陳毅 Bert Cheng
版面設計 | 黃靖芳 Jing Huang

行銷統籌

業務處長 | 吳宗庭 Tim Wu
業務主任 | 蘇倍生 Benson Su
業務專員 | 鍾依娟 Irina Chung
業務秘書 | 陳曉琪 Angel Chen、莊皓雯 Gia Chuang
行銷主任 | 朱韻淑 Vina Ju

發行公司 | 悅知文化　精誠資訊股份有限公司
105台北市松山區復興北路99號12樓
訂購專線 | (02) 2719-8811
訂購傳真 | (02) 2719-7980
悅知網址 | http://www.delightpress.com.tw
悅知客服 | cs@delightpress.com.tw
ISBN：978-986-510-209-8
二版三刷 | 2023年07月
建議售價 | 新台幣320元

國家圖書館出版品預行編目資料

最後下班的人,先離職 / 威廉(曾世豐)著.
-- 二版. -- 臺北市 : 精誠資訊，2022.04
304面；14.8*21公分
ISBN 978-986-510-209-8（平裝）

1.職場成功法　2.工作心理學

494.35　111003185